Die Wegscheide im Revier der Steinschale

Die „Aussiedlung“ der entlegenen Täler und die massiven Veränderungen der „Hohen Jagd“ und „Almbewirtschaftung“ im nördlichen Hochschwabgebiet

Die Wegscheide im Revier der Steinschale

Martin Prumetz

KRAL VERLAG

Meine Nachbarin – eine Künstlerin aus dem Mariazellerland
Tief verschneite Steinschale 1981
Bleistiftzeichnung von Sonja Planka

1. Auflage 2020

J.-F.-Kennedy-Platz 2
2560 Berndorf
E-Mail: office@kral-verlag.at

Für den Inhalt verantwortlich: Martin Prumetz
Umschlag- und grafische Innengestaltung:
xl-graphic, Wien | office @xl-graphic.at
Printed in EU
ISBN: 978-3-99024-897-3

Besuchen Sie uns im Internet: www.kral-verlag.at
und auf facebook unter:
www.facebook.com/KralverlagBerndorf

Martin Prumetz

wurde 1957 im Mariazellerland in St. Sebastian geboren und wuchs in der Steinschale am Fuße der Zeller Staritze als Sohn eines Berufsjägers und einer Bauerntochter auf. Dieses einschichtige, bescheidene, aber überaus naturbezogene Leben hat ihn sehr geprägt. Die Kindheit in der auf tausend Metern Seehöhe gelegenen Steinschale, drei Kilometer abseits von Wegscheid, bei oft sehr hoher Schneelage und an die zehn Kilometer langem Schulweg in der gepflegten Idylle der Sechzigerjahre blieb ihm immer in bester Erinnerung und ließ ihn nie wirklich los. Die weihnachtlich warm beheizte Stube im entlegensten Graben sowie auch die grenzenlose Freiheit der umliegenden Wälder, kein Strom und kaum Kontakt zur Außenwelt. Ein Aufwachsen, wie es in heutiger Zeit kaum noch vorstellbar ist, und trotzdem hat er unermüdlich gekämpft, diese Werte aufrechtzuerhalten und seinen Kindern all das genauso weiterzugeben. Durch den Beruf seines Vaters und der kleinen Landwirtschaft im Jägerhaus, die von der Mutter bewirtschaftet wurde, gab es in seiner Kindheit für seine Schwester und ihn nie wirklich Hunger. Er kam sehr früh in Kontakt mit den verschiedensten Tieren, aber auch in einen natürlichen Umgang mit erlegtem Wild und geschlachteten Nutztieren. Von klein auf hat er besonders durch den Beruf seines Vaters gelernt, dass man Wild- sowie Haustiere mit größtem Respekt behandelt und dass Töten kein Spaß, sondern eine absolute Notwendigkeit ist. Der Autor versucht immer wieder zu beschreiben, wann sich scheinbar unaufhaltsam die Jahre hindurch Wegscheiden eingeschlichen haben und die Zeiten sich in den verschiedensten Bereichen gravierend änderten. Plätze, an denen heute kaum noch zu erahnen ist, dass es in den Häusern pulsierendes, kinderreiches Leben gab. Oder auch Wildfütterungen, die damals unter genauester Pünktlichkeit und unglaublicher Anstrengung reichlich für das Wild beschickt wurden, werden von der heutigen Jägergeneration hierzulande belächelt und als „nicht mehr notwendig“ befunden. Wiesen, die früher mühsam gepflegt wurden, um hier überhaupt überleben zu können, braucht keiner mehr und wachsen wieder zu. Die unverzichtbare, wachsende Technik scheint für uns eine Bedrohung zu werden, auch der Luft- sowie Straßenverkehr, und das spiegelt sich auch in den entlegensten kränklichen Wäldern vom Mariazellerland wider. Aber Martin Prumetz beschreibt auch, was für unglaubliche Möglichkeiten uns die moderne Technik in dieser ländlichen Abgeschiedenheit beschert, so manche Lebensträume relativ einfach zu verwirklichen. Leider scheint es für uns materialistische Menschen sehr schwierig zu sein, ein erträgliches Maß zu finden, um unseren wunderbaren Lebensraum langfristig zu erhalten.

Das Ortsbild aus der Vergangenheit in Wegscheid am Fuße des steirischen Seebergs

Wegscheid Stmk. mit der Graualpe 1576 m.

Um 1900 gab es noch keine Asphaltstraße. Das Clemenshaus, das Rüsthaus und die Jagdvilla von Baron Enes gab es auch noch nicht.

Die Jagdvilla wurde zwischenzeitlich gebaut.
Der etwa zwei Kilometer in die Länge gezogene Ort Wegscheid war in den Tallagen von großen, gepflegten Wiesen umgeben. Dadurch wirkte das Tal damals sehr breit und freiflächig.

Das Clemenshaus und das Rüsthaus wurden gebaut und auch ein Saal für das Gasthaus zur Post.

Wegscheid vor dem Bau des Sägewerks, 1900.

Hotel Puhm, das Sägewerk und die Kirche – die Jagdvilla gab es noch nicht.

Die großflächigen Waldbestände um Wegscheid waren zu dieser Zeit noch dicht und völlig unaufgeschlossen.

„Wegscheid"

Die Kirche, das Hotel Puhm, anschließend der Konsum und gegenüber das Sägewerk

Wegscheid – dieser auf etwa 2 km in die Länge gezogene Ort liegt am nördlichen Fuße des Steirischen Seebergs. Der Ortsname Wegscheid, das „Scheiden der Wege über dem Seeberg und dem Niederalpl", ist schon seit 1395 bekannt. Meine ersten Erinnerungen an meinen Heimatort Wegscheid, der auf mich als Steinschalenkind damals wie eine kleine Stadt wirkte, beginnen Anfang der Sechzigerjahre. In diesem großteils von Holzknechten besiedelten Ort gab es noch reges Treiben und um die Häuser überall zahlreich spielende Kinder. Der Verkehr war noch sehr gering und für die Bewohner der Häuser, die ziemlich nah an der Straße lagen, war das damals eher ein Vorteil als eine Belastung. Von Mariazell kommend befand sich am Anfang des Ortes, in Unterwegscheid, das Forsthaus der Bundesforste, damals noch „Ara" genannt, in dem der Förster Kuen wohnte. Ein Stück weiter auf der rechten Straßenseite war ein kleines Sägewerk und ein paar kleinere Keuschler, die wiederum alle Bedienstete vom Ara waren. Auf der linken Straßenseite befand sich ein großer Vierkanthof, der vor langer Zeit Vorspanndienste über den Seeberg leistete. Aber in meiner Erinnerung war in diesem aus Stein gebauten Haus die Ara'sche Forstverwaltung Wegscheid. Im Obergeschoß wohnte der Forstmeister und ein Kanzleiförster. Einige Hundert Meter weiter auf der rechten Seite war das Gasthaus Bärbl, das 1964 Käthe Benesch übernahm und die eine der nettesten und beliebtesten Wirtinnen weit und breit wurde. Links in der Kurve wieder ein Keuschler-Haus und dann kam sozusagen der Hauptplatz von Wegscheid. Zur linken Hand befand sich das Sägewerk von Franz Egger aus Gollrad und gegenüber ein großes Gebäude, in dem das Lebensmittelgeschäft, der „Konsum",

Die Kirche: 1710 von Gräfin Heister erbaut und 1894 abgebrannt

untergebracht war. Unmittelbar daneben stand das große Hotel der beiden französischen Geschwisterdamen Puhm mit anschließendem Gastgarten in Richtung der Kirche. Ich erinnere mich noch, dass an Festtagen wie Fronleichnam die Gaststätte sowie der Gastgarten übervoll waren und alles Mögliche besprochen wurde, wofür unter der Woche kaum Zeit blieb. Sogar die Sitzeinteilung war nach Berufsstand genau geregelt. Autos standen kaum auf den Plätzen, alle kamen zu Fuß. Wir Kinder freuten uns auf ein Kracherl und hin und wieder ein paar Frankfurter, um den weiten Heimweg in die Steinschale besser zu überstehen.

Das Hotel Puhm bot 31 gut eingerichtete Zimmer zu einem Personenpreis an, je nach Lage der Räume um 7-10 Schilling pro Tag. Folgend eine Gästewerbung vom Hotel Puhm in den Fünfzigerjahren:

„Wegscheid liegt 850 Meter über dem Meeresspiegel, hat Post, Telegraph, Telefon, 20 Minuten Autofahrt von Mariazell entfernt, in ruhiger, staubfreier Lage, umgeben von gewaltigen Nadelholzwaldungen und schönster Gebirgslandschaft, ozonreicher Luft, daher sehr geeignet als Erholungsort für Rekonvaleszente und solche, welche sich vom Alltagsgetriebe zurückziehen wollen und Gesundung ihrer Nerven suchen. 31 gut eingerichtete Fremdenzimmer, Speise- und Gesellschaftsräume mit Klavier, schattiger, sowie Anlagen für Sonn- und Liegekuren, sanitär ausgestattete W.C. Dusch- und Wannenbäder, Telefon, eigene elektrische Hauszentrale stehen den P.T. Gästen zur Verfügung. Freibad nächst der Liegehalle im Wehr, Liegestühle, Rodel etc. im Hause. Bei Spaziergängen außerhalb des Ortes findet man überall Ruhebänke aufgestellt.“

Die Kirche in Wegscheid wurde von Gräfin von Heister 1710 erbaut. 1894 brannte sie ab und an derselben Stelle baute Stift Lambrecht die heutige Kirche wieder auf. Oberhalb der Kirche befindet sich die Jagdvilla mit Wirtschaftsgebäude und diese war damals im Besitz von Baron Enes. Dazu gehörten auch an die zweihundert Hektar Wald um die Spielmauer.

Gasthof zur Post, Wegscheide nach Aschbach und Niederalpl, Post, Gendarmerie, dahinter Jägerhaus von Gut Enes

Dieser Besitz wurde Mitte der 80er-Jahre von den Bundesforsten aufgekauft. Nebenan liegt die sehr steil angelegte, aber wunderschöne letzte Ruhestätte der Wegscheider, Aschbacher und Gollrader. Gegenüber vom Friedhof auf der linken Straßenseite gab es das Geschäft der „Schönauers", das schon Anfang der 60er-Jahre sehr veraltet war und für heutige Verhältnisse nicht mehr vorstellbar wäre. Zu kaufen gab es hier fast alles: Wäsche, Kleider, Lebensmittel, Eisenwaren, und das auf engstem Raum. Dieses kleine, finstere Verkaufslokal war so mit Ware vollgestopft und zugehangen, dass man kaum erkennen konnte, wer hinter dem Verkaufspult stand. Als kleiner Junge hatte ich immer die schmutzigen Finger vor Augen, wenn die alten Schönauer-Leute, natürlich ohne Handschuhe, die damals für uns Kinder sehr begehrte Extrawurst in die Semmeln legten. Aber das war schnell wieder vergessen, denn eine Wurstsemmel war in den Sechzigerjahren nicht alltäglich und hat vorzüglich geschmeckt. Meine Mutter stand einmal daneben, als der alte Schönauer einigen vierzehnjährigen Buben eine Flasche Schnaps verkaufte. Als sie ihn darauf ansprach, erwiderte er nur: „Wenn sie bezahlen, bekommen sie ihn auch." Der Bruder von Rudolf Schönauer, „Karl", hat bis Mitte der Siebzigerjahre einen Eierhandel betrieben. Er war immer vollgepackt mit Eiern im Rucksack mit seinem Rad oder per Anhalter unterwegs. Früher hat es viele solche originellen, etwas kauzige, aber durchwegs interessante Typen gegeben, die intelligent waren, die aber in ihrer Jugendzeit nie eine Chance bekamen, sich weiterzubilden: Schwierige Lebensumstände, unerträgliche Schicksale, für viele sogar zwei Kriege, verbunden mit harter Arbeit in freier Natur bei jeder Witterung bis ins hohe Alter. Dadurch gab es viele Menschen, die meistens sehr intelligent, originell, aber doch etwas anders

Die weite Talebene von Wegscheid

waren. Heutzutage findet man kaum noch solche Typen. Nebenan vom Geschäft Schönauer war das kleine Feuerwehrhaus und schräg gegenüber das Mehrparteien-Clemenshaus, in dem Kanzleiförster und sonstige Angestellte vom Ara wohnten. An der Wegscheide nach Aschbach in Richtung Mürzzuschlag, nach der auch der Ort benannt wurde, war der Gasthof zur Post, betrieben von der Familie Kain. In diesem Gasthaus habe ich 1964 zum ersten Mal ferngesehen. Die Olympiade in Innsbruck, speziell das Skispringen am Bergisel, hatte uns veranlasst, den weiten Marsch von der Steinschale durch hohen Schnee nach Wegscheid zu gehen. Damals ging mir lange nicht aus dem Kopf, warum die Skispringer beim Auslauf bergauf fahren. An der Kreuzung auf der anderen Seite war die Post mit Schalterbesetzung und zusätzlicher Briefträgerin. Im ersten Stock vom Postgebäude befand sich der mit drei Mann besetzte Gendarmerieposten. Uns Volksschüler hatten sie ganz besonders im Auge wegen der für uns so verlockenden Fische am Heimweg entlang des Aschbaches. Diese uniformierte, angsteinflößende Beaufsichtigung löste in mir eine eigenartige Abneigung aus, die ich bis heute nicht loswerden konnte. Nach etwa vierhundert Metern beginnt Oberwegscheid. Auf der rechten Seite das große Haus vom Onkel meines Vaters, der Fritz Urban; seine Frau, die Tante Vef, war meine Taufpatin. Ihre alljährlichen Allerheiligen-Striezel, die meine Schwester und ich von ihr bekamen, sind mir immer noch in bester Erinnerung. Meistens haben wir einen schon am Nachhauseweg gegessen. Aber auch Onkel Urberl, wie wir ihn immer nannten, werde ich nie vergessen – er hat mir regelmäßig die Haare geschnitten und mir einen damals üblichen Kurzhaarschnitt mit Scheitel verpasst.

Die bewirtschafteten Wiesen um Wegscheid

Ich spüre noch heute seine schlecht geschliffene Haarschneidemaschine über meine Kopfhaut rattern, was in mir eine bis heute anhaltende Friseur-Abneigung ausgelöst hat. Später kam mir die Langhaarmode zu Hilfe, die aber auch, wie sich schnell herausstellte, mit großen Schwierigkeiten verbunden war.
Wenn mich auf meinem sechs Kilometer langen Schulweg der Hunger überraschte, durfte ich mir ein Butterbrot von der Tante Minnerl (sie war die Tochter von der Familie Fritz) holen. Solche Kleinigkeiten vergisst man nie.
Im nächsten Haus wohnte Moritz Hechtner und nebenan Sepp Greifensteiner - er holte sich alle Jahre bei meinem Vater eine Brunfthirschleber als Delikatesse, wie er meinte. Alle diese Männer waren damals schon zwischen 50 und 60 Jahren alt, beim Ara als Holzknechte beschäftigt und sehr starke, respektvolle Persönlichkeiten.
Am Ortsende von Oberwegscheid auf der rechten Straßenseite das Haus der Familie Gassner. Zwischen Haus und Stall war nur Platz für die Hauptstraße, was in dieser Zeit auch sehr praktisch war, aber bei dem von Jahr zu Jahr immer mehr werdenden Verkehr unerträglich wurde.
Ein Stück talabwärts baute Familie Glitzner in den Sechzigerjahren ein Haus mit Stall, unmittelbar daneben war der kleine Hof vom alten Freiß. Das Haus daneben von der Familie Saupriegl wurde gegen Ende der Fünfzigerjahre fertiggestellt und war überschattet von einem tragischen Schicksalsschlag. Saupriegl war Holzknecht beim Ara, überlebte mit viel Glück den Krieg und wohnte mit seiner Familie im Rammertal. Kurz vor der Fertigstellung seines Hauses war er an einer Holzseilbahn von der Staritze ins Trögeltal beschäftigt. Durch unglückliche Umstände hielt er sich am laufenden Seil fest, konnte die ganze Strecke nicht durchhalten und stürzte über dreißig Meter ab. Saupriegl erlag seinen schweren Verletzungen und hinterließ eine schwangere Frau und vier kleine Kinder.

Eingang zum Rammertal – sämtliche Grünflächen, die irgendwie zu bewirtschaften waren, wurden gemäht

Auf der rechten Seite der Straße vom Rammertal war der Hof von Hans Knoll und links von Rudolf Knoll. Von Rudolf erzählte man immer, er sei der Aufpasser vom Rammertal. Zur Nachtzeit brannte meistens das Licht in seiner Küche, und wenn man vorbeifuhr, kam nicht selten sein Kopf zum Vorschein. Was auch manchmal sehr hilfreich war, denn so konnten einige zwielichtigen Geschichten geklärt werden.

Es hat Anfang der 60er-Jahre kaum eine Familie in dieser Gegend gegeben, die nicht eine kleine Wirtschaft betrieben hat: Kühe, Ziegen, Schweine, Hühner, Hasen und natürlich einen Gemüsegarten, um sich großteils selbst zu versorgen. Kartoffeln wurden überall angebaut, Getreide und Obst wuchsen in dieser Höhenlage sehr spärlich. Die Winter waren damals noch sehr schneereich und lang. Eine Familie über diese Zeit zu bringen war mit unvorstellbarem Arbeitsaufwand verbunden.

Die Oberwegscheider haben früher all ihr Weidevieh täglich in das Rammertal getrieben. Frühmorgens wurde zur gleichen Zeit die Stallarbeit erledigt und danach wurden zusammen die Kühe etwa 500 Meter bis zum „Kiahtor“ ins Rammertal getrieben. Das hört sich alles sehr idyllisch an, aber unter den kleinen Keuschlern gab es strenge Regeln – es durfte keiner aus der Reihe tanzen. Besonders Zugezogene oder Zugeheiratete hatten es anfangs nicht leicht. Am Abend warteten die Kühe gut genährt und mit vollem Euter geduldig vor dem Tor, um wieder abgeholt zu werden. Oft ging ich am Heimweg durch die wartenden wiederkäuenden Kühe, bei denen die Milch aus den Eutern tröpfelte. Die Wiesen neben der Straße bis zum Kiahtor wurden gemäht und waren mit Zäunen aus Fichtenstangen umgeben. An manchen Stellen war auch noch ein Überdraht auf eine Gesamthöhe von zwei Metern gespannt, um das Einspringen von Rotwild zu verhindern.

Das „Rammertal", die Türnachmäuer und rechts der Peterlstein, 1955

Alleine das Erhalten dieser Zäune war schon ein gewaltiger Arbeitsaufwand. Eine Motorsäge war in den 60er-Jahren noch eine Rarität und so mussten Unmengen von Fichtenstangen von Hand geschnitten, gehackt, geputzt und angeliefert werden. Die Stangen wurden nicht genagelt, sondern es wurden im Zaunsteher fünf Löcher gebohrt, kleine Lärchenstipfel eingeschlagen und die Stangen daraufgelegt. Daneben wurde ein schwacher Steher in den Boden geschlagen, durch eine Drahtschlaufe mit dem Hauptsteher verbunden und somit waren die Querstangen gesichert. Der Vorteil dieses Zaunes war, man konnte mühelos morsche Stangen austauschen. Auch den Winter über konnten sie abgelegt werden, um den Schneedruck besser zu überstehen. Das gesamte Rammertal war bis Anfang der 70er-Jahre noch mit Kühen beweidet und das ergab eine Idylle, die danach nie wieder zu spüren war. Das ganze Tal wirkte lebendiger, und es schuf außerdem für das damals noch reichlich vorhandene Wild im Frühjahr, aber auch für den Herbst, frische Äsung. Das Auflassen der Waldbeweidungen war nicht nur eine Wegscheide oder ein Übergang in eine andere Zeit, sondern förderte für meine Begriffe auch die Wildschäden. Der Wald war damals sehr gepflegt und aufgeräumt, Spuren von Maschinen waren zu dieser Zeit fast nicht wahrzunehmen. Schädlinge wie Borkenkäfer hatten kaum eine Chance, sich zu vermehren. Befallene, rot werdende Bäume wurden von den Keuschlern sofort geschnitten, die ohnehin fast alle Holzknechte waren und immer ein Auge darauf hatten. Diese Bäume wurden nicht nur neben den Straßen, sondern auch tief in den Wäldern mit oft langen händischen Lieferstrecken geschlagen. Fichtenholz war damals noch begehrt – es lag kaum Holz herum, das nicht gebraucht wurde.
Die Straßen wurden ständig von Hand gepflegt:

Das Saupriegl-Haus im Rammertal um 1940

Meistens waren es Pensionisten, die sich etwas dazuverdienten und die alten Holzscheibtruhen standen immer irgendwo am Straßenrand bereit. Schlaglöcher wurden gefüllt, Wasserspulen ausgeputzt und wenn es Regen gab, waren schnell einer dieser Pensionisten oder andere Bewohner zur Stelle, das Wasser abzuleiten, um gröbere Schäden an ihren Zufahrtswegen zu verhindern. Die Straße ins Rammertal wurde im Winter kaum geräumt und dadurch waren nach der Schneeschmelze keine Flurschäden vom Schneepflug zu sehen. Deshalb war an vielen Stellen des Weges der Mittelstreifen mit Gras bewachsen. Irgendwo gab es immer Wild zu sehen und es war nie besonders scheu. Auerwild oder Haselwild mit seinen Küken begegnete man oft in diesem Tal. All diese Dinge erregten in mir Gefühle und Stimmungen, die nach fünfzig Jahren nicht einmal mehr ansatzweise vorhanden sind.
Ein Stück nach dem Kiahtor bei der ersten Weggabelung war der Spielplatz mit einem Bankerl und einer kleinen Wiese. Wahrscheinlich hatten vor meiner Zeit die Kinder an diesem Platz gespielt, ich kannte ihn nur mehr vom Hörensagen.
Die ein Stück weiter gelegene Graschopf-Keusche, bewohnt von der Familie Bauer und dem Pensionisten Grabner, hatte bei starken Gewittern oder bei der Schneeschmelze immer mit hohem Wasserstand zu kämpfen. Einen Kilometer weiter gab es noch das Saupriegl-Haus. Diese entlegenen Keuschen hatten alle große Wiesen ums Haus eingezäunt, um Heu für ihr Vieh zu ernten. Die andere Straße an der Gabelung führte in Richtung der Steinschale. Ein Stück nach dem Spielplatz lag wieder eine große eingezäunte Wiese, die von den Oberwegscheidern bewirtschaftet wurde. Das gesamte Heu wurde mit dem Handwagen nach Wegscheid gebracht.

Schneereicher Winter Mitte der 50er-Jahre, Fütterung Kastenriegelbrücke

Alle diese Wiesen wurden im Frühjahr regelmäßig gründlich geputzt und jedes Steinchen entfernt, um der Sense beim Mähen nicht die Schneid zu nehmen. Das sah alles so unglaublich gepflegt aus, wie es nur mit heutigen Golfplätzen zu vergleichen ist.

Gegenüber am Gsenger Hang war eine Rehfütterung, die in der Übergangs- und Notzeit immer von recht vertrauten Rehen umgeben war. An der Kastenriegelbrücke befand sich die Hochwildfütterung, die mein Vater über vierzig Jahre betreut hat. Links führt die Straße zum Kastenriegel, der heute noch ein beliebtes Ausflugsziel ist. Das Öffentliche Wegerecht geht zurück in die Zeit von Maria Theresia. In der Hütte am Kastenriegel hatte das Hotel Puhm Ausschankrecht und später diente sie als Halterhütte für den Edelbodenhalter, wenn das Vieh zur Vor- oder Nachweide in der Hinteren Höll war. Bei der nächsten Weggabelung führt die linke Straße ins Turntal auf die Staritze und rechts in die Steinschale. An dieser Kreuzung stand das Scheiklhaus, das sogar lange vor meiner Zeit einen Telefonanschluss hatte, der schon in den Fünfzigerjahren nicht mehr funktionierte. Anfang der Sechzigerjahre zog in dieses Haus der Pensionist Leo Stromeier mit seiner Tochter Gretl aus dem Schönebengraben ein. Gretl war mit 600 Gramm viel zu früh zur Welt gekommen, konnte nicht lesen und schreiben, aber sie versorgte den Haushalt ihres Vaters ganz ordentlich. Das Haus war schon recht baufällig und die Holzrohrwasserleitung total vermorscht – so ging Gretl regelmäßig mit der Holzscheibtruhe die eineinhalb Kilometer steile Straße zur Steinschale hinauf, um Trinkwasser zu holen. Leo war ein kauziges kleines Mandl mit schulterlangen rötlichen Haaren, die er nur dann offen trug, wenn er etwas betrunken war. Er sprach manchmal davon, dass er einmal im Jahr eine Tollkirsche esse, um ja nicht impotent zu werden. Vater und ich besuchten ihn regelmäßig nach dem Füttern am Heimweg. Meistens saß er auf seiner Bettbank in der warm beheizten, kleinen, nicht ungemütli-

Das alte Scheiklhaus an der Gabelung der Turntal- sowie Steinschalenstraße

chen, aber etwas streng riechenden Küche. Eine Dopplerflasche Wein stand immer am Boden, ein Achtel Wein am Tisch und er freute sich über jede vom Vater vorgetragene Neuigkeit. Er hatte kein Radio, nur Petroleumlampen, Zeitungen hatten Seltenheitswert, und das ein ganzes Leben lang. Aber er schien mir nicht unglücklich zu sein in seinem Gesicht war immer ein verschmitztes Lächeln. Einmal verkleidete er sich für uns Kinder als Nikolaus. Für meine Schwester und mich war es damals unerklärlich, dass ein Nikolo nach der Bescherung bei uns in der Küche ein Glas Wein getrunken hat: So etwas hatte es zuvor noch nie gegeben.

Im Scheiklhaus hat in einem weiteren kleinen Zimmer ein alter Mann gewohnt, man nannte ihn „den schönen Otmar". Er hat ziemlich viel getrunken und wurde irgendwann völlig verwahrlost tot in seinem verdreckten Bett aufgefunden. Auf mich hatten diese Männer damals einen sehr alten Eindruck gemacht, obwohl sie erst kurze Zeit in Pension waren.

Die Leute wirkten damals im Gegensatz zu heute wesentlich älter, als sie tatsächlich waren. Ab dem Scheiklhaus stieg es an bis zum Scheiklböndel, wo wieder eine Rehfütterung war. Mein Vater hatte sie 1964 in die Nähe der Straße verlegt. Ursprünglich war diese Fütterung ungefähr 150 Meter steil bergauf oberhalb der Straße. Es war eine zusätzliche Belastung, solche Fütterungen bei hohem Schnee zu erreichen, aber die damals ältere Generation der Berufsjäger versuchte dem Wild solche vom Wind abgewehten Plätze, die dadurch früher schneefrei wurden, anzubieten. Es ist schon sehr berührend: In einer Zeit, in der die Menschen selbst Not litten, aber trotzdem das Wild so fürsorglich über den Winter brachten. Kaum zu glauben, dass es sechzig Jahre später von den Bundesforsten verboten wird, in diesen Wäldern Rehe zu füttern, und dass auch die Jäger nur zur Jagdzeit ihre gepachteten Reviere aufsuchen, um ihrem in Mode gekommenen Hobby nachzugehen.

„Die Steinschale"

Das Egger-Häusl, 1956

Wenn ich bedenke, was mein Vater in seiner vierzigjährigen Dienstzeit täglich an Strapazen auf sich genommen hat, um im Winter oft bei zwei Meter hohem Schnee auf Skiern die Fütterungen zu erreichen ... Damals hätte er sich niemals vorstellen können, dass sein Beruf in diesem Gebiet ein halbes Jahrhundert später wertlos sein würde. Dieses Gefühl, die Jägerei zu leben, Wildtiere zu nutzen, aber auch mit aller Kraft in der Notzeit zu versorgen, ist in den hiesigen Staatsrevieren leider völlig abhandengekommen. Unzählige Male bin ich als kleiner Junge bei hohem Schnee hinter Vater hergestapft, um bei den Fütterungen das Wild mit gutem Grummet und dem wenig vorhandenen Kraftfutter über den Winter zu bringen. Der Geruch und das Wohlgefühl einer gut angenommenen Rehfütterung mitten im tief verschneiten Wald hat mich ein Leben lang nicht losgelassen. Doch retten konnte ich diese Zeit trotz größter Anstrengung auch nicht.

Ab dem Scheiklböndel steigt die Straße wieder einige Hundert Meter an bis zur sogenannten „Schoin". Danach wird es wieder flach, aber man erreicht fast schon tausend Meter Seehöhe. Ab der letzten Kurve, wo das Tal wieder etwas weiter wird, war lange vor meiner Zeit eine Köhlerei. Diese Stelle wurde „Kohlung" genannt, man sieht heute noch deutlich die Arbeitsstelle, denn überall ist kohlschwarze Erde, die sehr beliebt war für die Hausgärten. Der erste Blick in dieses schöne Tal fiel auf das in die Länge gezogene Jägerhaus am Kogel, rechts darunter lag der Teubenbacher Hof und auf der linken Straßenseite die Egger-Keusche. Oben beim Jägerhaus am Kogel hörte man schon lange vorher ein Auto kommen, aber an dieser Kurve sah man es zum ersten Mal einen kurzen Moment, bevor es die freie Straße einfuhr.

Am Kogel das Jägerhaus, 1956

Der Teubenbacherhof, 1957,
Vorbesitzer war der Wölferbauer

Wir Kinder waren oft voller Neugier und Vorfreude über diese Ankündigung eines seltenen Besuches. Über fünfzig Jahre meines Lebens hielt ich Nachschau, wenn ein Fahrzeug in der Steinschale oder später in der Höll zu hören war um festzustellen, wer das wohl sein wird.
Die Egger-Leute zogen schon Ende der Fünfzigerjahre nach Wegscheid. Danach zog ein Schlägerungsunternehmer aus Kärnten in dieses schon sehr heruntergekommene Haus. Diese Familie Woganigg kam mit zwei kleinen Kindern für Holzschlägerungen auf die Staritze, wurde aber im Herbst vom frühzeitigen Wintereinbruch überrascht und so quartierte sie die Forstverwaltung in dieser nicht mehr sehr wohnlichen alten Keusche zur Überbrückung ein. Diese Leute waren so in Not, dass sie sich von Vaters Rehfütterungen heimlich Heu holten, um sich Strohsäcke zu füllen für ihre Liegestatt.
Meine Mutter erzählte, dass sie einmal gebeten wurde, auf den kleinen zweijährigen Otmar, der im selben Alter war wie ich, aufzupassen, und er wurde von seinen Eltern zwei Tage lang nicht abgeholt. Diese und so manche andere Begebenheit führte wohl dazu, dass der Nachbarkontakt nicht besonders gut war und unsere Eltern es nicht gerne gesehen haben, wenn wir Buben die Zeit zusammen verbrachten. Aber Otmar und ich konnten unsere Freundschaft geschickt verbergen - wir waren ja nur zwei Buben in diesem einsamen Graben und hatten trotzdem immer eine Menge Spaß zusammen.
Der Teubenbacher-Hof, der sich etwa siebzig Meter neben der Egger-Keusche befand, wurde gegen Ende der Fünfzigerjahre aufgelassen und die Familie Teubenbacher übernahm den Kogelbauer-Hof im Bohrwerk. Der Halbbruder vom Woganegg kaufte den alten Bauernhof und so

Das Jägerhaus in der Steinschale im Meran'schen Besitz

zog der Schlägerungsunternehmer mit seiner Familie in das nahe gelegene Haus. Am Ende dieses Hofes führte ein breiter Steig den Kogel rauf zum Jägerhaus, davor steht eine drei- bis vierhundert Jahre alte Sommerlinde. Das Haus hatte auf der Vorderseite drei Eingänge und auf der Hinterseite einen. Vor meiner Zeit hatten hier drei Parteien gewohnt. Wahrscheinlich war das ursprünglich ein kleiner Bauernhof mit zwei Hektar Wiese, den Erzherzog Johann aufkaufte, und somit war er im Besitz der Grafen von Meran. Der alte Teil dieses Jägerhauses war ein sehr feuchter Steinbau, an den vor langer Zeit mit Holz angebaut wurde, und so gab es in diesem Haus 27 Türen. Der Dachboden ergab für uns Kinder besonders bei Schlechtwetter einen riesigen Spielplatz, und es gab immer wieder etwas Interessantes zu entdecken. Die kleine Küche war vor langer Zeit eine offene Rauchkuchl und strahlte eine enorme Gemütlichkeit aus. Am Gewölbe, das öfter mit weißer Kalkfarbe überstrichen wurde, kamen trotzdem immer wieder dunkle Flecken durch. Damals hatten die alten Maler zu meiner Verwunderung Kuhfladen beigemengt, um das Gewölbe für längere Zeit weiß zu bekommen. Erstaunlicherweise hat das wirklich funktioniert. Der gemauerte Herd in der Küche wurde das ganze Jahr über nie kalt, um der Feuchtigkeit der dicken Steinmauern keine Chance zu geben. Er wärmte auch eine geringe Menge Wasser im sogenannten Schiff. Das war ein eingebauter Behälter am Ofen mit Ablasshahn, der immer wieder nachgefüllt werden musste. Das Wasser für den Hausgebrauch musste aus der Brunnhütte beim hinteren Eingang geholt werden. Für den Geschirrabwasch wurde ein großer Topf mit Wasser am Ofen vorgewärmt, aber immer ohne Spülmittel abgewaschen. Dieses Abwaschwasser wurde dann im Saufutterhäfen mit Maismehl und Kartoffeln auf-

gekocht und so wurde alles verwertet und nichts Schädliches für die Umwelt hinterlassen.
Eine schnelle Morgenwäsche gab es meistens mit kaltem Wasser in der Brunnhütte. Für die abendliche Wäsche und für das Zähneputzen wurde auf das Ofenbankerl ein Lavoir mit warmem Wasser gestellt. Einmal in der Woche, meistens Samstag, wurde der Badeofen, der sich in einem Raum am anderen Ende des Hauses befand, für ein Vollbad geheizt, das immer etwas Besonderes war. Dieses Badezimmer war ursprünglich der Wohnraum der Dienstmagd vom zuständigen Oberjäger und hatte ein überaus robustes Eisenkreuz im Fenster. Die Berufsjägergenerationen vor meinem Vater hatten alle noch Dienstmägde. Das Plumpsklo war auch in diesem Teil des in die Länge gezogenen Hauses. In meiner Erinnerung war das Häusl immer sehr gepflegt und nicht unangenehm, aber im Winter musste man den langen Weg durch das kalte Haus gehen und meistens war der Deckel so angefroren, dass er schwer runterzubekommen war. Dadurch wurde man aber auch veranlasst, nur so viel Zeit am Klo zu verbringen, als wirklich notwendig war.
Licht gab es nur von Petroleumlampen – zwei hingen in der Küche und eine im Vorhaus –, aber ich hatte nie das Gefühl, dass es mir zu dunkel war. Als ich schon etwas größer war, war es unter anderem meine Aufgabe, das Petroleum für die Lampen nachzufüllen und die Zylinder zu putzen. Es war eine heikle Sache, diese dünngläsernen Zylinder mit Zeitungspapier und Kochlöffel zu reinigen. Danach wurden sie gewaschen und gut getrocknet, ansonsten zersprangen sie beim Anzünden.
Die einzige Verbindung zur Außenwelt war ein großer mit Akku betriebener Radio. Dieser gläserne Akku war einer Autobatterie sehr ähnlich. Im Winter wurde er alle paar Wochen vorsichtig mit Tüchern im Rucksack verpackt und von

Der „Wasserbrunn“ für die Viehtränke hinter dem Haus, 1957

Vater auf Skiern nach Wegscheid zum Aufladen gebracht. Post wurde nur zugestellt, wenn es ein wichtiges Telegramm gab. Für den normalen Postverkehr gab es bei der Einfahrt ins Rammertal beim Hause Knoll einen Postkasten, der nur entleert wurde, wenn jemand nach Wegscheid kam. Eine Zeitung gab es nur einmal pro Woche: die Wochenschau, ein übergroßes Blatt mit wenig Bildern. Das Papier war gut zu gebrauchen zum Anheizen und wurde auch noch als Klopapier verwendet.

Beim hinteren Ausgang zum Hof stand eine etwas jüngere, aber sicher auch an die 300 Jahre alte Winterlinde. Ein Stück oberhalb befand sich der im rechten Winkel zum Haus stehende große Stall. Ein offener Zubau am Stall diente als Heuwerkzeug-Hütte. Nach dem Eingang befand sich die Streuhütte, in der das im Herbst gesammelte Laub als Einstreu für das Vieh gelagert wurde. Der nächste Raum war eine große Tenne mit einem Doppeltor ins Freie - hier wurden die Erdäpfel gereinigt und getrocknet oder Futtermittel gelagert. Im Hauptstall war Platz für vier ausgewachsene Rinder und zwei Kälber, daneben gab es noch den Verschlag für zwei Schweine und oben drauf war der wärmste Platz für den Hühnerstall. Im nächsten Stall gab es noch weitere Stände für drei bis vier Rinder, die aber nur im Sommer für angenommene Weidekälber aus der Umgebung gebraucht wurden. In diesem Raum gab es auch einen Aufgang durch eine Sprossenleiter zum Heustadel. Der Heuboden war sehr geräumig und für uns Kinder besonders bei Regenwetter wie ein zweites Zuhause. Beim Stalltor, bei dem das Vieh ein- und ausgetrieben wurde, standen entlang der abgezäunten Brunnengasse vier alte, riesige Eschen. In dieser Gasse ging das Vieh im Winter täglich zur Tränke zum Brunnentrog.

Jänner 1963: Die langen schneereichen Winter in der Steinschale

Im Hof neben dem Haus war die große Holzhütte, die immer gut gefüllt war mit Brennholz, und am Dachboden waren Bretter für Reparaturarbeiten oder Jagdeinrichtungen gelagert. Hinter der Holzhütte befanden sich zwei große hühner- und hasensicher eingezäunte Gemüsegärten.
In der Mitte des Hofes war ein zugewachsener Hügel mit einer Holzabdeckung, darunter befand sich das Wasserkandl, das regelmäßig vom angeschwemmten sogenannten „Lettensand" gereinigt werden musste. Dieser besonders bei Gewittern angeschwemmte feine Sand dichtete das Sieb völlig ab und wurde hart.
Auch eine Bienenhütte befand sich im Hof. Es gab guten Honig und beim Honigschleudern für uns Kinder herrliches Bienenwachs zum Kauen. Für mich als kleiner Junge waren die Bienen die einzigen Tiere, die mich nicht sonderlich interessierten, und sie ließen mich meine Abneigung ihnen gegenüber immer wieder deutlich spüren.

Zum Jägerhaus gehörte auch eine etwa dreieinhalb Hektar große, rotwildsichere und zwei Meter hoch eingezäunte Wiese. So einen Hof auf tausend Meter Höhe ohne technische Hilfe und an manchen Wintern von Oktober bis Mai mit bis zu zwei Metern Schnee zu bewirtschaften war eine unglaubliche Höchstleistung. In heutiger Zeit wäre das alles unvorstellbar und es würde auch keiner mehr machen. Dazu kam noch, dass die Wildfütterungen auf Skiern in weitem Umkreis versorgt werden mussten. Ich kann mich nie daran erinnern, dass Vater oder später auch ich durch Witterungsverhältnisse die Fütterungen nicht versorgt hätten. Es ist ein unglaublich befriedigendes, gutes Gefühl, mit aller Kraft dem Wild über den Winter zu helfen. Damals hätte sich keiner vorstellen können, dass in fünfzig Jahren in dieser Gegend Wildfütterungen für nicht notwendig gehalten werden - ja sogar belächelt werden würden.

Meine Eltern um 1955

„Mein Vater“

Mein Vater wurde 1921 in Knappendorf bei Gollrad als Sohn eines Holzknechtes als zweitältestes von vier Kindern geboren. Großvater war Holzknecht bei der Meran'schen Forstverwaltung am Brandhof. In dieser schwierigen Zwischenkriegszeit wurde kaum ein Jugendlicher nach seinem Berufswunsch gefragt. Man war froh, überhaupt Arbeit zu bekommen, und so wurde Vater nach der Schule auch als Holzknecht am Brandhof aufgenommen. Doch seit seiner frühen Jugendzeit hatte er nur einen Wunsch: Er wollte unbedingt Berufsjäger am Brandhof werden. Seine Passion blieb der Herrschaft vom Brandhof nicht verborgen und so durfte er sich bei seiner Exzellenz Johann Graf von Meran – er war der Enkel von Erzherzog Johann – für eine Stelle als Jagdlehrling vorstellen. Zu seiner Freude wurde er 1936 als Berufsjägerlehrling aufgenommen und kam zum Oberjäger Adam Breitler ins Revier Seewiesen. Adam Breitler sollte Jahre später mein Großvater werden. Ob Vater zu dieser Zeit schon wusste, dass sein Lehrherr eine fesche, ledige Tochter hatte, hat er mir nie erzählt. Zu dieser Zeit waren die herrschaftlichen Oberjäger in der Gesellschaft sehr angesehen, alle hatten Dienstmädchen und die ihnen zugeteilten Jungjäger mussten im Haus sowie auch im Stall mithelfen. Unter anderem musste Vater auch immer wieder auf die Kinder des Oberjägers aufpassen. Er hatte es nicht leicht unter diesem herrischen Oberjäger, denn der ließ ihn deutlich spüren, dass Lehrjahre keine Herrenjahre sind. Damals gab es noch unter den Berufsjägern das sehr begehrte Beuschelrecht: Wer ein Wild erlegt hatte oder einen Schützen zum Schuss brachte, dem stand das Beuschel zu. Dasselbe galt für das Kopffleisch, das beim Trophäenauskochen abfiel. Sogar die Beuschel von frisch eingegangenen Gämsen wurden gegessen. Dieses ihm zustehende Recht wurde meinem Vater während seiner Jungjägerzeit

Das Knappendorf um 1920

Jungjäger „Martl“ Mathäus Prumetz

Mein Großvater, Oberjäger Adam Breitler, mit meinem Vater am Brandhof

1937: Oberjäger Todt und mein Vater

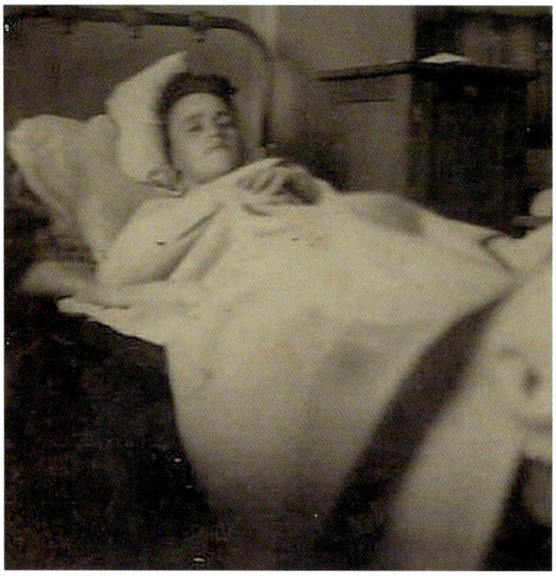

1944 im russischen Lazarett

Nach 6 Jahren wieder zu Hause

regelmäßig abgenommen. In heutiger Zeit werden die Innereien zum Großteil im Wald zurückgelassen und keiner würde mehr auf die Idee kommen, das Abfallfleisch der ausgekochten Trophäen zu essen. Aber auch Butter oder Schmalz, das seine Eltern ihm mitgaben, verschwand des Öfteren aus seiner Jungjägerkammer. 1937 kam er zu Oberjäger Todt in das Revier Steinschale. Bei der Familie Todt war es um vieles besser und dieses Revier um die Staritze hatte ihn von Anfang an fasziniert. Auch für unsere Familie waren die Nachkommen von Oberjäger Todt nicht nur während meiner Kindheit, sondern auch noch viel später, als ich schon Revierjäger in der Höll war, immer von Bedeutung. Bis ins hohe Alter kamen Hubert, Maria und Pepi mich regelmäßig besuchen, um den Kontakt zu ihrer angeborenen, über alles geliebten Jagd und Natur nicht zu verlieren. Mein Vater war auch noch dabei, als der Enkel von Erzherzog Johann, seine Exzellenz Graf von Meran, mit seinem Gefolge auf Mulis zur Hirschbrunft auf die Staritze ritt. Vater erzählte, dass er beim Aufsiedeln meistens schon zwei bis drei Brunfthirsche geschossen hat. Seine Exzellenz blieb zwei bis drei Tage im Jagdhaus und dann zog er weiter in die Höll.
Die Zeiten wurden gegen Ende der Dreißigerjahre immer schwieriger und ein Krieg immer wahrscheinlicher. So musste Vater im Alter von 18 Jahren sein geliebtes Revier verlassen und einrücken. Am 1. September 1939 begann der Zweite Weltkrieg und somit die furchtbarste Zeit seines doch noch so jungen Lebens. Es verschlug ihn bis nach Russland und er wurde dort gegen Ende des Krieges durch zwei Schüsse in den Rücken und den Arm schwerst verletzt. Vaters Überlebenschancen waren sehr gering. Bei einem langen Aufenthalt in einem russischen Lazarett, in dem er wiederum mit viel Glück einen Angriff überlebte, wurde seine Gesundheit wieder einigermaßen hergestellt.

Zum Glück war der Krieg 1945 zu Ende und er musste nicht mehr an die Front. Vater hat sehr selten über diese unvorstellbar grausamen Erlebnisse gesprochen, aber ich habe trotzdem immer gespürt, dass so ein Krieg das Furchtbarste ist, was der Menschheit passieren kann, und ich wünschte mir von Kindheit an, nie so etwas erleben zu müssen. Wiederum ist es kaum zu glauben, dass es zwei Generationen später junge Menschen geben wird, die in übermäßigem Wohlstand und Frieden aufwachsen, aber trotzdem wieder diese abscheuliche rechtsradikale Linie verherrlichen werden.

Ausgemergelt und gezeichnet von diesem sinnlosen Krieg kam Vater 1945 nach Hause. Kurze Zeit später durfte er damals das Revier Steinschale – Staritze als jüngster Revierjäger übernehmen. Vor dem dreißigsten Lebensjahr hatte kein Jäger der Meran'schen Verwaltung zu dieser Zeit ein eigenes Revier bekommen. Die Jungjäger waren oft weit über zehn Jahre einem Ober- sowie Revierjäger zugeteilt, und wenn sie heiraten wollten, mussten sie die Herrschaft um Erlaubnis fragen. Nach dem Krieg waren die Wildbestände ziemlich heruntergeschossen und es war kaum Futter für das wenig vorhandene Wild aufzutreiben, aber auch für die eigene Versorgung hat es kaum gereicht. Doch es ging bergauf, Vater hatte seinen überaus geliebten Beruf und sein Traumrevier: die Steinschale, die er über 40 Jahre behalten sollte. Ich glaube, es hat vor ihm keinen gegeben – aber auch nach ihm wird keiner mehr kommen –, der dieses Revier so sehr geliebt und so gut gekannt hat. Es hat kein Wochenende in der schneefreien Zeit gegeben, an dem er nicht am Freitagnachmittag oder Samstagvormittag auf die Staritze ging, um sein Revier zu beaufsichtigen. Im herrschaftlichen Jagdhaus wurde übernachtet und am Sonntagabend ging es wieder heimwärts. Ich kann mich auch nie daran erinnern, dass Vater jemals Urlaub hatte oder irgendwo hinfuhr, was nicht mit seinem Beruf in Verbindung stand.

Beim Gams-aus-der-Decke-Schlagen in der Steinschale

Hirschbrunft 1961

Mit Leib und Seele in der Steinschale

Über 40 Jahre Revierjäger auf der Staritze

„Mathäus Prumetz“

Niemals sah ich ihn in anderer Bekleidung – er hatte auch nur seine Jägertracht, der er sich verpflichtet fühlte und die er voller Stolz trug. In heutiger Zeit ist diese Tracht zur Mode geworden und wird von vielen sehr bezugslos getragen. Auch von vielen Freizeitjägern, die sich allerdings nicht immer in ihren Revieren so verhalten, als sie durch diese Jägertracht verpflichtet wären.
Das einzige motorisierte Hilfsmittel für meinen Vater war sein Moped, ab Mitte der Sechzigerjahre ein sehr reparaturanfälliger Motormäher und später eine Motorsäge. Unglaublich viele Kilometer legte er zu Fuß oder auf Skiern zurück, Unmengen Fuhren von Heu gabelte er in die Futterhütten, aber auch eine unschätzbare Stückzahl an erlegtem Wild trug er nur mit dem Bergstock durch das Revier. Trotzdem war er unendlich glücklich in diesem Revier und betreute dieses Stück Land wie sein Eigentum: vierzig Dienstjahre und die gesamte Freizeit, außer ein paar dringend notwendiger Kuraufenthalte in Bad Schallerbach, da ihm anfangs die Kriegsverletzungen sehr zu schaffen machten. Ansonsten war er immer mit dem Moped oder zu Fuß in seinem Revier anzutreffen. Mein Vater führte viele hochrangige sowie auch prominente Jagdgäste aus den verschiedensten Adelskreisen, die sein naturverbundenes, korrektes und ehrliches Auftreten überaus schätzten. Er war auch weithin bekannt für das exakte Ansprechen seines Wildes und somit war er einer der Besten

dieses Berufsstandes. Mein Vater erzählte mir, als er schon im Ruhestand war und nach jahrelang aufgeschobenen Schmerzen in beiden seiner Hüften unmittelbar vor den dringend notwendigen Operationen stand, in Gedanken die gesamte Staritze abgegangen zu sein. Das hat ihm enorm viel Kraft gegeben. Ich werde auch nie seine Blicke vergessen, als er schon fast im achtzigsten Lebensjahr im Rollstuhl saß und immer wieder wehmütig vom Fenster aus den Berg raufschaute. Er wusste genau, dass er da nie wieder raufkommen würde – ein ergreifendes, schweres Abschiednehmen von seinen geliebten Bergen. Eine Berufsjägerpersönlichkeit, die es in heutiger Zeit nicht mehr gibt.

Er hatte auch wesentlich dazu beigetragen, die Weideflächen auf der Zeller Staritze unter geringstem Aufwand zu erhalten. Bei seinen unzähligen Aufsichtsgängen hatte er regelmäßig junge Fichten, Lärchen und Latschen systematisch mit der Hand ausgerissen. Zum Beispiel erzählte er mir: Jedes Mal, wenn er über das Fadental auf die Fadenhöhe ging, entfernte er auf dieser großen Weidefläche hundert Jungbäume. Aufgerechnet auf die vielen Jahre war er maßgeblich daran beteiligt, dass auf dieser Alm die Weideflächen für Vieh und Wild erhalten blieben.

Mutter mit 17 Jahren

Am Neukoglerhof

Beim Abtreiben vom Brunnstein

„Meine Mutter"

Meine Mutter wurde 1923 im Salzatal am Franzbauerhof geboren und wuchs am Neukoglerhof beim Erlaufsee auf. Meine Großmutter war einige Jahre während der Winterzeit im Dienst bei ihrem Vater und der Stiefmutter am Franzbauerhof und den Sommer über auf der Zeller Staritze als Sennerin. Zur selben Zeit war auch Adam Breitler Revierjäger auf der Staritze und so kam meine Mutter als lediges Kind zur Welt. Als uneheliches Kind auf die Welt zu kommen war für die damaligen Verhältnisse nicht einfach und Mutter hat später in ihrer Jugendzeit sehr darunter gelitten. Viele der ledigen Dienstmägde waren gezwungen, ihre Kinder abzugeben, um die geforderte Arbeit am Hof erfüllen zu können. Sogar von unleistbaren zusätzlichen Nahrungskosten durch Kinder hörte man aus dieser Zeit. Obwohl es der väterliche Hof war, blieb auch meiner Großmutter nichts anderes übrig, als meine Mutter als neugeborenes Kind zu einer Holzknechtfamilie in die Dürradmer in Pflege zu geben. Zum Glück wollte sich das neugeborene Baby an die neue Umgebung absolut nicht gewöhnen und weinte unaufhörlich. Die Pflegefamilie aus dem entlegenen Graben war mit dem Neugeborenen total überfordert, und so entschloss sich meine Großmutter, das Kind zu behalten, und zog zu ihrer Großmutter zum Neukoglerhof beim Erlaufsee. Meine Großmutter war eine sehr gerechte, herzliche Frau und ermöglichte meiner Mutter, so gut es in dieser Zeit möglich war, eine schöne Kindheit. Ihr Vater, der Oberjäger vom Brandhof, hat sich leider nie um seine ledige Tochter gekümmert. Im Alter von etwa 13 Jahren hat sich Mutter bei einer Veranstaltung in Mariazell an ihren Vater herangepirscht und ihn gebeten, ob er nicht einige Auerhahnfedern für ihren Hut hätte, die damals sehr begehrt waren. In seiner etwas überheblichen Art gab er dem Mädchen, das sich so sehr den Kontakt zu seinem Vater wünschte, zur Antwort: „Kimmst as hoit in da Stoaschoin amoi obhoin!" Nach Wochen machte sich das Mädchen mit dem Fahrrad auf den Weg in die 25 km entfernte Steinschale, um sich ihren Hutschmuck abzuholen. Dort angekommen teilte man ihr mit, der Oberjäger sei auf der Staritze im Jagdhaus. Auch diesen weiten Weg auf die Alm nahm das junge Mädchen in Kauf, um irgendwie zum Vater Kontakt zu haben. Oben angekommen erklärte man ihr, sie solle vor dem Jagdhaus warten – der Oberjäger sitze gerade beim Mittagstisch. Nach längerem Verweilen erschien er und gestand ihr mit einem Lächeln, er habe die Federn leider schon verkauft. Traurig machte sich das junge Mädchen auf den weiten Heimweg und bekam zu Hause von ihrer Mutter zusätzlich eine Strafe, da ihre Feiertagsschuhe diesen Strapazen nicht standgehalten hatten. Wie kann ein Mensch nur so herzlos sein, wenn schon ledig, aber doch sein eigenes Kind so zu behandeln? Ich habe meinen Großvater später nur ein einziges Mal gesehen. Wir hatten ihn einmal besucht, da war ich etwa 10 Jahre alt. Er hat in seiner Pension wunderschöne Zierpolster gemacht, meine Schwester und ich durften uns einen aussuchen. Rosi wählte einen mit roten Rosen und ich natürlich einen mit zwei weißen Pferden. Später fand ich auch keinen Bezug mehr zu diesem Großvater, der meine beiden Eltern so herzlos behandelt hatte und auch an seinen Enkeln kein Interesse zeigte.

Mutter hat nach ihrem ausgezeichneten Pflichtschulabschluss das Marienheim in Mariazell besucht und am Neukoglerhof viel Wertvolles für ihr weiteres Leben gelernt. Einige Sommer hindurch betreute sie am Brunnstein das Weidevieh und während des Krieges, als alle männlichen Arbeitskräfte einrücken mussten, übernahm sie mit dem schwarzen Pinzgauer Hengst Bubi die anfallenden Fuhrwerke am Neukoglerhof. Ich war später ein unermüdlicher Zuhörer, wenn Mutter von der Almzeit mit ihrem Vieh oder von den Fahrten mit dem wilden Hengst ihrer Jugendzeit erzählte. All das hat mich nie wirklich losgelassen und in späteren Jahren habe ich mir diese Träume vom Sennerleben sowie von eigenen Pferden ausgiebig erfüllt.

Als Sennerin am Brunnstein während der Kriegsjahre

Beim Holzbringen mit Bubi

Mutter und meine Schwester Rosi

Meine Eltern, Rosi und Brandl-Bracken-Hündin „Cora"

1947 hatten meine Eltern geheiratet und meine Mutter ist in das entlegene Tal der Steinschale gezogen. Die gelernte Arbeit am Neukoglerhof und die Ausbildung im Marienheim kamen ihr dabei sehr zugute, doch sie wurde anfangs von den wenigen Nachbarn trotz dieser Einschicht äußerst kritisch beobachtet. Sie führte im Jägerhaus die kleine Landwirtschaft mit bis zu sechs Stück Rindvieh, zwei Schweinen, Federvieh und zwei großen Gemüsegärten. Wenn der Graf von Meran während der Hirschbrunft auf der Staritze im Jagdhaus war, musste sie mit hinauf, um die Herrschaft zu versorgen. Morgens und abends ging sie den weiten Weg durch das Trögeltal in die Steinschale, um ihre Stallarbeit zu erledigen und Milch sowie Verpflegung mit auf die Alm zu nehmen. All das waren Strapazen, die heute keiner mehr machen würde oder unzumutbar erscheinen. Doch ich kann mich nie daran erinnern, dass meine Eltern, wenn sie aus dieser Zeit erzählten, geklagt oder irgendetwas bereut hätten. Im Gegenteil: Sie haben immer von einer schönen, unvergesslichen Zeit gesprochen. Zu dieser Zeit war auch von Vorteil, dass der Berufsjägerstand sehr angesehen war und der Jäger in der Jagdzeit direkten Umgang mit der Herrschaft hatte und dadurch seine Sorgen und Nöte besser vortragen konnte.

Mutter war sehr oft auf sich alleine gestellt, doch sie hatte nie Angst, wenn Vater die meiste Zeit im Revier unterwegs und viele Nächte nicht zu Hause war.

Der Winter im Jahr 1957 zeigte sich bis Ende Dezember außergewöhnlich mild und es lag sogar in der Steinschale kaum Schnee. Meine Mutter war mit mir hochschwanger, und als es endlich so weit war, musste sie nur den steilen Weg vom Kogel runter zum Teubenbacherhaus, wo der Rettungswagen schon auf sie wartete.

Mein Lebensstart als Christkind

Am 30. 12. 1957 kam ich per Kaiserschnitt in St. Sebastian bei Mariazell zur Welt. In der kleinen Spitalskapelle im Krankenhaus fand am 31. Dezember eine Messe statt, und da mein Name schon beschlossen war, sollte ich im Eiltempo aus organisatorischen Gründen noch im selben Jahr getauft werden. Die geistliche Krankenschwester „Detata“ nahm das Jesuskind aus der übergroßen Weihnachtskrippe und legte stattdessen mich rein. Der große Christbaum war direkt über mir und manchmal sollen meine kleinen Hände zum Vorschein gekommen sein, um nach den bunten Kugeln zu greifen. So hatte ich einen recht guten Start ins Leben. Meine stolze Mutter hat mir diese Geschichte des Öfteren berührend erzählt. Vater war währenddessen mit meiner vierjährigen Schwester Rosi alleine in der Steinschale. Inzwischen war der Winter eingezogen und es hatte unaufhörlich zu schneien begonnen. Meine Schwester fieberte schon Tage vorher aufgeregt unserem ersten Treffen entgegen. So standen Vater und Rosi schon frühmorgens in den ersten Jännertagen lange vor Tagesanbruch auf, um diesen weiten Weg großteils zu Fuß ins Krankenhaus nach St. Sebastian anzutreten. Zuerst musste noch die Hochwildfütterung beschickt werden, erst dann ging es weiter nach Wegscheid zum Autobus, der sie nach Mariazell brachte. Wahrscheinlich war die Vierjährige aus der Einschicht maßlos fasziniert von dem hell erleuchteten Städtchen, das auf sie wie eine Großstadt wirkte, als sie zu Fuß in das zwei Kilometer entfernte Krankenhaus nach St. Sebastian marschierten. Dort angekommen begeisterte das kleine, aufgeweckte Mädchen mit seinen strahlenden Augen, das vor Fremden keine Scheu zeigte, die geistlichen Krankenschwestern mit einem berührenden Weihnachtsgedicht. Wie der erste Anblick unseres Treffens wirklich war, hat mir leider nie jemand erzählt.

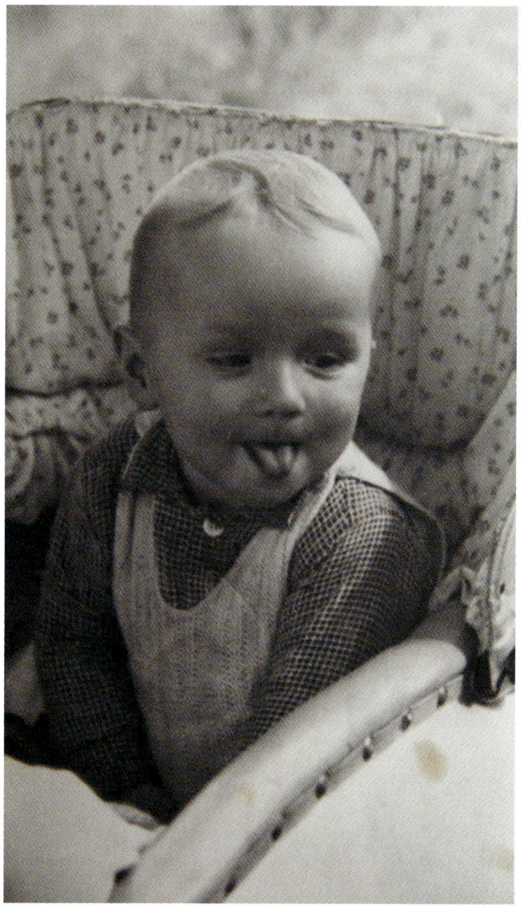

Na was wird da noch kommen!

Bei der Fütterung in der Küche

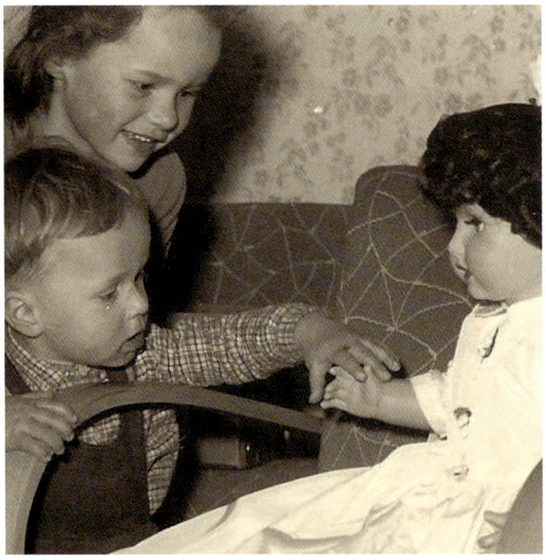
Meine bei mir nicht sehr beliebte Freundin, die große Puppe

Früh übt sich

Ich mit Frau Winkelbauers Dackel

Anschließend gingen die beiden weiter unter stürmischem Schneetreiben zum Neukoglerhof am Erlaufsee, um unsere Großmutter zu besuchen und Mittag zu essen. Nach der Mahlzeit wurde der schwarze Pinzgauerhengst Bubi eingespannt und der Knecht brachte die beiden zur Poststelle nach Mariazell. Rosi hat mir erzählt, sie habe noch Erinnerungen daran, dass sie mit dem Pferdegespann durch Mariazell fuhren und sie von irgendjemand Fremden auffallend angestarrt wurde. Vielleicht fand dieser das kleine Mädchen am Kutschbock nur besonders nett, aber sie war dadurch so erbost, dass sie ihm die Zunge zeigte. Weiter ging es mit dem Bus nach Wegscheid, und von dort hat Vater sie bei Einbruch der Dunkelheit durch den tief verschneiten Wald die drei Kilometer bis zur Steinschale ins Jagdhaus getragen. Der Winter hat in den nächsten Tagen kräftig zugelegt, und es fielen in kurzer Zeit beim Jägerhaus am Kogel eineinhalb Meter Schnee. Damit ich meine erste Heimreise überhaupt antreten konnte, wurden von der Meran'schen Verwaltung zwei Traktoren, wovon nur einer mit Allrad angetrieben war, zusammengespannt, um den Weg in die Steinschale bis zum Teubenbacherhof vom Schnee freizuräumen. Von da schaufelte mein Vater extra den zweihundert Meter langen Steig bis zum Haus am Kogel frei und so gelangten meine geschwächte Mutter und ich ohne Zwischenfall in die warm beheizte, gemütliche Stube. Zwei Jahre später bekam ich in den letzten Winterwochen die Masern und zusätzlich eine schwere Lungenentzündung. Mein Zustand war sehr kritisch und meine Eltern hatten große Angst um mich. Mutter hat später immer in großer Ehrfurcht vom Gußwerker Hausarzt Dr. Feik gesprochen, denn er hatte mir wahrscheinlich das Leben gerettet. Als mein Fieber immer höher wurde, zeigte die Medizin vom eigentlichen Hausarzt keine Wirkung mehr, so eilte mein Vater mit den Skiern nach Wegscheid, um telefonisch Hilfe zu holen. Er konnte aber unseren Hausarzt nicht erreichen, so bat er Dr. Feik um Hilfe. In diesen Tagen gab es einen Föhneinbruch und der Weg zur Steinschale war nur mühsam zu bewältigen. Der mit Schneereifen ausgetretene Steig wurde weich und man brach immer wieder bis zu den Oberschenkeln ein. Durch diese plötzlich eintretende Schneeschmelze befand sich unter der Schneedecke schon einiges an Schmelzwasser, das ein mühsames und nasses Weiterkommen bedeutete. Doch Dr. Feik trat diesen qualvollen, drei Kilometer langen Weg ohne zu zögern an und kam völlig durchnässt und erschöpft bei unserem Hause an. Somit hat er mir mit der neuen Medizin Penicillin das Leben gerettet. Mutter hat es mir später immer wieder mit Tränen in den Augen erzählt. Von nun an ging es langsam bergauf, aber ich hatte kaum Appetit und wollte nichts essen. Einige Zeit später brachte uns jemand wunderschön gereifte Kirschen aus dem schon fast sommerlichen Flachland. Diese stellte mir Mutter so auf das Nachtkästchen, dass sie für mich leicht zu erreichen waren. Sie ging raus in den Garten und beobachtete mich durch das Fenster. Diesen herrlichen Früchten konnte ich nicht widerstehen und so nahm ich die erste Nahrung seit Langem selbstständig auf. Genau dieser Moment war der erste in meiner Erinnerung auf dieser wunderbaren Welt und ich sehe das Bild immer noch ganz deutlich vor mir: diese Stube mit den dicken Steinmauern und kleinen Fenstern mit Balken, die im Winter bei starkem Sturm geschlossen wurden, um die Wärme besser zu halten. Der Raum hatte eine rustikale, dunkle, fast schwarze Holzdecke und in der Mitte standen die Ehebetten unserer Eltern. Am Fußende das Bett meiner Schwester und neben dem großen braunen eisernen Holzofen, der unheimlich laut knisterte, wenn er angeheizt war, stand mein Gitterbett. In diesem Gitterbett erlebte ich auch das erste Erdbeben.

Nicht bereit zu teilen

Rosi und ich bei Gegenwind

Steinschale bei hoher Schneelage

Von Mutter erbaute Krippe mit 250 Figuren

Vom Lichtkögerl

Alles um mich herum hat deutlich gewackelt. Mutter erklärte mir später dieses Naturereignis, ich habe noch genaue Erinnerungen daran. Dieses Bett erinnert mich aber auch an einen etwas unangenehmen Traum. Ich stand auf einer herrlich grünen Wiese vor einem plätschernden Brunnen, doch durch diese Verlockung wurde ich plötzliche durchnässt in meinem Bett geweckt. Völlig geknickt musste ich Mutter wecken, die mich wieder trockenlegte.
Wenn diese gemütliche Stube vom glitzernden Christbaum ausgeleuchtet wurde, draußen meter- hoher Schnee lag und der Sturm an den Balken rüttelte, waren das für uns Weihnachten, die unvergesslich blieben. Zwischen Stube und Küche gab es ein kleines Kabinett, hier bastelte unsere Mutter eine Weihnachtskrippe, von der sie schon einen Teil vom Neukoglerhof mitbrachte, und die so groß wurde, dass sie den halben Raum ausfüllte. Diese Krippe umfasste im Laufe der Zeit über zweihundertfünfzig Figuren und an die 30 Häuser. Einige dieser Figuren stammten noch aus dem 18. Jahrhundert. In der Vorweihnachtszeit diese Krippe aufzustellen war für uns Kinder ein absoluter Höhepunkt. Auch der Nikolaus ist jedes Jahr gekommen, aber meistens hat einer der Eltern gefehlt. Irgendeine Arbeit musste dringend erledigt werden und in der Zwischenzeit ist überraschenderweise der Nikolo gekommen. Nur zweimal ist jemand eingesprungen, als wir schon etwas misstrauisch geworden waren. In der Dämmerung beim Küchenfenster bei dichtem Schneefall rauszuschauen, wie der Nikolaus durch den Hof auf die Haustür zukommt – diese Augenblicke werde ich wohl nie vergessen. Ich fühlte mich auch später, als ich dahinterkam, nie angelogen oder hintergangen, dass uns diese Illusion von Weihnacht, Nikolo oder Ostern nur vorgespielt worden war. In dieser abgeschiedenen, entlegenen Bergwelt waren diese Bräuche in meiner Kindheit einschneidende, unvergess-

liche Momente, in denen zum Glück das Geschehen der Kirche für uns nie eine Rolle gespielt hatte.
Von klein auf waren wir immer von Tieren umgeben: die Hunde schliefen in der Küche beim Ofen im Holzloch und haben sich mit allen tierischen Mitbewohnern bestens vertragen. Vater wurde oft mit seinen selbst gezüchteten Brandl-Bracken zu sehr schwierigen Nachsuchen auf angeschossenes Wild in Nachbarreviere geholt, und er war damit auch sehr erfolgreich. Er hat immer Wert darauf gelegt, dass seine Hunde nicht sinnlos scharf sind und alles Kleingetier totbeißen. So war es für mich von klein auf ganz normal, dass die Hunde eines Berufsjägers und die Hauskatzen sich zusammen den Platz teilen. Hühner und Hasen, die im Hof frei liefen, wurden auch nicht beachtet – nur Füchse durften sich nicht in die Nähe des Hofes wagen.
Von den Rindern fühlte ich mich von klein auf besonders angezogen – anscheinend machte sich das Bauernblut meiner Mutter bemerkbar. Die kleinen Pinzgauerkälber, die ich immer auf eine kleine, eingezäunte Weide bringen musste, wurden von mir eingespannt und beritten. Es machte mir besonderen Spaß, alleine mit ihnen Zeit zu verbringen. Natürlich ließen sich im fortgeschrittenen Alter besonders die Stierkälber nicht mehr alles von mir gefallen und ich musste mich einige Male in Sicherheit bringen. Mit großer Freude fieberte ich über Jahre hindurch dem Almauf- und -abtrieb auf die Staritze entgegen. Ich stand extra früher auf und wartete ungeduldig, um die ersten Rufe der Treiber oder Glocken zu hören, wenn das Vieh durch den Brunngraben über die Steinschale auf die Alm getrieben wurde.

Sorgenlose Zeit ohne Kindergarten

Die Pinzgauerin Carmen und ich

Unsere Hundewelpen, meine Schwester und ich

Meine Spielgefährten

Nach dem ersten hörbaren Geläute und dem Schreien der Begleiter dauerte es immer noch eine ganze Weile, bis das Vieh auch durch den Wald am Donner-Blitz-Kogel sichtbar wurde. Dann kam diese mit über 350 Stück lange Rinderschlange mit enormem Geläute am Zaun entlang vom Kogel herunter. Zwischen den Zäunen unter dem Jägerhaus vorbei, durch den Teubenbacherhof und nach dem Egger-Haus verschwanden sie wieder im Wald in Richtung Turntal. Dieses Spektakel dauerte an die dreißig Minuten und ich saß am Kogel vorm Haus und konnte davon nicht genug kriegen. Ich bekomme heute noch Gänsehaut, wenn ich nur daran denke. Einige Male ging mein geheimer Wunsch auch in Erfüllung und irgendwo blieb ein Stück zurück. Manchmal tauchten diese Ausreißer erst nach Tagen auf und gesellten sich zu unseren Kühen. Ich fühlte mich dann als Halter, trieb es abends mit unseren Kühen in den Stall und hoffte, dass es länger nicht abgeholt wurde. Diese Kindheitseindrücke haben mich nie wirklich losgelassen und ich durfte das Alm- und Halterleben in späteren Jahren ausgiebig erleben.

Aber auch der Umgang mit Wildtieren, vor allem Rotwild, hat es mir seit frühester Kindheit besonders angetan. Im Winter begleitete ich Vater oft zur Fütterung und auch das Hirschgeweihsuchen im Frühjahr war für mich eine überaus spannende Sache. Die Abwurfstangen waren Jahre hindurch mein liebstes Spielzeug: Unermüdlich habe ich die Stangen in der Geweihkammer aufgelegt und sie mir eingeprägt.

Die ersten Abwurfstangen, die ich mit fünf Jahren gefunden hatte, waren von unserem besten Hirsch, dem „Meister". Beide Stangen sind ganz nah zusammengelegen und ich habe schon, bevor ich sie in den Händen hielt, gewusst, welchem Hirsch sie gehören. Ich war unglaublich stolz, doch später bin ich dahintergekommen, dass mein Vater die Geweihe schon etwas länger vor mir gesehen hatte. Bald war ich sehr gut im Ansprechen der Hirsche, was ich auch einige

Male unter Beweis stellen durfte. 1963 hatte ein Holzknecht ein etwa zwei Wochen altes Hirschkalb am Weg zum Kastenriegel mit einem gebrochenen Hinterlauf gefunden. Vater wurde verständigt und holte das verletzte Kalb nach Hause. Der Hinterlauf war ein Stück unter dem Knie abgebrochen und hing nur mehr an der Decke fest. Der Lauf wurde abgetrennt, die Wunde mit einer Handvoll Ernhöfer Salbe eingeschmiert, eingefascht, ein dicker Lederschutz darübergegeben und fertig war die Operation. Ernhöfer Salbe durfte damals in keinem Haushalt fehlen, sie wurde für Tier und Mensch verwendet und hat auch recht gut geholfen. Diese Behandlung hat damals im Vorhaus beim Kellerabgang stattgefunden, daran kann ich mich noch sehr gut erinnern: Vater, Mutter und der Jungjäger Schober Sepp, der wie ein Familienmitglied war und auch im Haus wohnte. Dem kleinen Hirsch hatten wir den Vornamen seines Finders, dem Brunnrohrbohrer Michi Harlander, gegeben. Michi, das kleine Kalb, hat seine Lebensfreude bald wiedergefunden und ich hatte einen tollen Spielgefährten. Das hervorstehende Knochenstück an seinem Hinterlauf ist nach kurzer Zeit abgefallen und lag im Lederschuh. Bei seinem übermütigen Herumtollen im Hof ist es kaum aufgefallen, dass der Hinterlauf ab dem Knie fehlte. Er war immer mit uns unterwegs und kam nie in Versuchung, wegzulaufen – wir waren eben sein Rudel. Im Winter beim Rodeln am Donner-Blitz-Kogel hinter dem Haus war er unermüdlich und immer der Erste, der unten ankam. Wenn wir ins Haus gingen, suchte er ausdauernd nach uns und ging unzählige Runden ums Haus. Als wir einmal unachtsam die Rodel vorm Haus stehen ließen, verfing er sich mit seinem Haupt an den Kufen und hängte sich die schwere Zweisitzer-Rodel um den Hals. Michi verfiel in höchste Panik, da bei seiner Flucht um unser Haus der Schlitten immer wieder mit voller Wucht auf seine Vorderläufe schlug. Das laute Rumpeln und Geklapper seiner panischen Runden um das Haus hörten wir bis in die Küche.

1962: Meine Schwester und ich

Für Fremde wurde das Aus-und-ein-Gehen im Haus immer schwieriger

Auch ein Bussard war einige Zeit unser Gast

Unser dreiläufiger Michi, der linke Hinterlauf unter dem Knie fehlte

So eilte Mutter zur Brunnhüttentüre, hielt sich mit einer Hand am Türstock fest und mit der zweiten griff sie, als er wieder vorbeikam, nach der Rodel. Unsere Mutter war eine sehr kräftige Frau, die zupacken konnte. So bekam sie den etwa achtzig Kilo schweren Junghirsch an der Rodel, die um seinen Hals hing, zu fassen und konnte den panischen Michi anhalten und ihn von seinem Umhang befreien. Doch im Laufe der Zeit wurde Michi zum wirklichen Problem: Er bewachte nicht nur unser Haus, sondern er nahm sich auch alle fremden Besucher genauestens vor und wurde mehr gefürchtet als die Hunde. Nicht-Familienmitglieder, die für ihn keine Rudelangehörige waren, trauten sich nicht in das Haus. Wenn sie in unserer Begleitung im Bereich des Hofes oder ins Haus kamen, durften sie danach alleine nicht mehr raus. Erstaunlicherweise hat man damals recht wenig über die Auswirkungen eines handaufgezogenen und noch dazu männlichen Rotwildes gewusst. Man hatte auch gehofft, dass Michi, wenn er älter wird, in den Wald zieht und sich seinen Artgenossen anschließt. Eingetreten ist das Gegenteil. Wenn er in der näheren Umgebung vom Haus Rotwild sah, flüchtete er in panischer Angst nach Hause. Jahre später wurde mir klar, dass dieses Verhalten völlig normal war. Michis Mutterbeziehung war der Mensch und er wäre nie mehr zu korrigieren gewesen, da er dadurch geschlechtlich auf den Menschen geprägt war. Beim Heuen wurde er immer unerträglicher, legte sich unter die kleinen Heuschober, die mühevoll errichtet wurden, und schlug mit den Läufen voller Freude das Heu wieder runter. Auch für mich wurde Michi zur Gefahr. Er wollte mit mir nur spielen, ich konnte es aber nicht so, wie seine Artgenossen es tun würden, erwidern. Michi versuchte mich immer enger werdend einzukreisen und wenn ich nicht an irgendeine Wand oder einen Zaun gelangte, warf er mich mit der Brust um und schlug mit den Vorderläufen zu. Er wurde immer gefährlicher und so entschloss sich mein Vater, ihn zu erschießen, was ihm auch sichtlich nicht leichtfiel. Ich erinnere mich noch sehr genau an diesen Tag. Meine Mutter und ich saßen in der Tenne am Heuhaufen mit einem Reh, das wir vor einem schneereichen Winter gerettet hatten und das kurz vor der Auswilderung war. Ein Flobertschuss fiel und ich war unendlich traurig, meinen Freund Michi verloren zu haben. Immer wieder hatte ich gebettelt, ihm doch ein kleines Gatter zu bauen, und mir ganz fest vorgenommen, wenn ich einmal groß bin, werde ich das ganz sicher tun. Auch diesen Traum habe ich mir Jahrzehnte später erfüllt und in meinem ersten Buch *„Das verlorene Paradies in der Höll"* ausführlich beschrieben. Diese Erfahrung hat mir auch gezeigt, dass die Entscheidung meiner Eltern richtig war, Michis Leben zu beenden. Sein Fleisch auf dem Teller zu haben, obwohl damals die Zeiten etwas anders waren als heute, lösten allerdings in der gesamten Familie keine Begeisterung aus. Tiere, die mir sehr nahestanden, konnte und wollte ich auch im späteren Leben niemals essen. Natürlich kam ich auch sehr früh mit geschossenem Wild in Kontakt, das regelmäßig während der Schusszeit in der Brunnhütte oder im Keller bis zur Abholung gelagert wurde. Das war ganz normal und gehörte zum Alltag. Es kam schon vor, dass ich mit sechs oder sieben Jahren bei erlegtem Wild, das vom Vater von der Alm runtergeschickt wurde, die Beuschel oder Luftröhren herausgenommen hatte, ohne dass es mich auch nur im Geringsten geekelt hatte. Ein ganz natürlicher Bezug zu Fleisch, aber es wurde uns immer vermittelt, auch respektvoll mit erlegtem Wild umzugehen und dass Töten eine Notwendigkeit ist und nichts mit Spaß zu tun hat. Als Kind war ich immer wieder mit dabei, wenn Wild geschossen wurde, und fand das überhaupt nicht schlimm. Mein Vater wäre aber nie auf die Idee gekommen, mich in meiner Jugendzeit ein Stück Wild schießen zu lassen. Diese Gedanken wären auch mir niemals gekommen.

Vater und Jungjäger Sepp Schober

Der Umgang mit erlegtem Wild war damals völlig normal

Vertrautes Wild bei den Pfaffenmäuern im Elendgraben

Wenn zu Hause geschlachtet wurde, war das normal, aber beim Töten waren wir Kinder nie dabei – da haben wir uns freiwillig irgendwo verkrochen. An solchen Tagen war für mich in diesem sonst so idyllischen Hof immer eine überaus negative Stimmung spürbar, der ich unbedingt auszuweichen versuchte. Für diese Lebenseinstellung bin ich meinen Eltern bis heute unendlich dankbar, denn dadurch hatte ich in meinem späteren Leben einen ganz besonderen Bezug zu Tieren. Mein erstes Stück Wild habe ich erst mit dreiundzwanzig Jahren, als ich meine Berufsjägerlehre begonnen hatte, geschossen, und mein letztes über drei Jahrzehnte später, als mein Revier sowie der gesamte Rotwildfütterungsbestand und meine Stelle als Berufsjäger aufgelöst wurden. Ein Stück Wild im richtigen Moment zu erlegen und dabei für den restlichen Bestand keine Unruhe zu stiften, war für mich immer das höchste Gebot. Aber ohne ganz nah mit dem Wild zu leben, hätte ich niemals gejagt. Meine größte Leidenschaft in der Zeit als Berufsjäger war, vertrautes, sichtbares Wild – besonders Rotwild – unmittelbar um mich zu haben, mit ihnen zu leben und sie aber auch artgerecht und stressfrei zu töten. Diesen Mittelweg zu finden, fühlte ich mich als Jäger verpflichtet, um einen idealen Lebensraum für das Wild zu erhalten und auch dadurch den Wald zu schonen.

Ziege in der Steinschale, 1955

Mein erster Freund: „Otmar"

Otmar kam mit seinen Eltern 1960 in die Steinschale und sie wurden in die schon etwas heruntergekommene Egger-Keusche einquartiert. Er war auch Jahrgang 1957, aber um zehn Monate älter als ich. Als wir etwa drei Jahre alt waren, wurde meine Mutter gebeten, tagsüber auf Otmar aufzupassen. Doch seine Eltern holten ihn erst am übernächsten Tag wieder ab und so entstand, wahrscheinlich auch noch durch verschiedene andere Vorkommnisse, ein eher gespanntes Verhältnis zwischen unseren Eltern. Also wurde es nicht allzu gerne gesehen, wenn wir zwei Buben zusammen waren. Aber das hat uns nicht wirklich gekümmert, wir waren trotzdem immer gute Freunde und sind das auch noch über fünfzig Jahre später. Schon im Alter von vier oder fünf Jahren hatten wir uns heimlich, ohne dass es unsere Eltern merkten, regelmäßig im Wald getroffen. Jeder ist eben unbemerkt hinter dem Haus in den Wald gelaufen und so haben wir uns auf unseren geheimen Plätzen zum „Hüttelbauen" oder „Indianerspielen" getroffen. In der zweiten Volksschulklasse hatte ich Otmar eingeholt und so hatten wir auch zur gleichen Zeit Unterrichtsschluss. Das letzte Stück vom etwa sechs Kilometer langen Heimweg ist immer einer von uns beiden abwechselnd vorausgegangen, damit wir von unseren Eltern nicht gesehen wurden. Am Nachmittag waren wir natürlich wieder zusammen und machten die ganze Umgebung unsicher. Irgendwann entdeckten wir im zwei Kilometer entfernten Brunngraben in einer Hütte von den Wiener Wasserwerken vier große mit Eisen beschlagene Holzräder von einem alten Pferdewagen. Heimlich rollten wir mühsam diese schweren Räder fast zwei Kilometer die steile Straße bis zur Steinschale und bauten uns daraus einen Threefarmer. Mit diesem wahrscheinlich über hundert Kilo schweren Gefährt, das mit den Füßen zu lenkten war und auch mit Dach sowie

Otmar und ich

Nachbarin Maria, meine Schwester und unsere alte Pinzgauerkuh „Schweitzer"

einem Schubschild ausgestattet war, donnerten wir dann die Straßen hinter unserem Haus hinunter. Nach diesem fast einen Kilometer langen gefährlichen Ritt mussten wir es danach wieder mühevoll Meter für Meter hochschieben. Irgendwann entdeckte man unser Fahrzeug, und es kam auch ans Tageslicht, von wem wir die Räder geklaut hatten. Zerknirscht mussten wir unser wuchtiges Fahrzeug wieder zerlegen und die Räder selbst zurückbringen. Wir konnten froh sein, dass man solche Delikte damals noch als Lausbubenstreiche sah und nicht besonders hochgeschaukelt wurden. So bekamen wir eine saftige Rüge und es war bald wieder vergessen. In heutiger Zeit stünde das wahrscheinlich in der Zeitung unter „schwerer Einbruch und Diebstahl". Irgendwann hatten meine Eltern eingesehen, dass Otmar eigentlich ein feiner Kerl war, und hatten unsere Freundschaft akzeptiert. Wenn meine Mutter und ich abgemetertes Brennholz vom Wald nach Hause rollten, kamen Otmar und sein kleiner Bruder Karli völlig unauffällig immer näher, um uns dabei zu helfen. Als Belohnung backte ihnen meine Mutter manchmal einen Kuchen, den sie ausgehungert verschlangen. Der kleine Karli war außer sich vor Freude, konnte das aber zu Hause nicht verheimlichen, und ich erinnere mich noch an sehr böse Worte, die zu uns herauf geschimpft wurden.

Unser erstes Geld verdienten wir uns beim Viehübertreiben auf der Staritze. Im Morgengrauen gingen wir mit den noch nicht ausgenüchterten Bauern von der Halterhütte los, um gemeinsam das Vieh von der vorderen auf die hintere Alm zu treiben. Otmar ist dabei einmal fürchterlich gestürzt und mit dem Knie in einem verrosteten Stacheldraht hängen geblieben. Sein Knie war bis auf den Knochen aufgerissen und es blutete extrem stark. Der etwa neunjährige Junge war unglaublich tapfer. Sein Knie wurde mit zerschnittenen Kleidungsstücken vom Senner notdürftig eingebunden und so ist der Bub einfach weitergelaufen. Ärztlich behandelt wurde das Knie nie. Die Narben sind jetzt über fünfzig Jahre noch immer deutlich zu sehen. In heutiger Zeit hätte solch ein Unfall wahrscheinlich einen Hubschraubereinsatz ausgelöst.

Eines Abends saßen wir im Alter von etwa zehn Jahren bei uns am Kogel vor dem Haus und schauten in der Dunkelheit mit den Ferngläsern fasziniert in den Sternenhimmel. Der aufkommende Wind schlug beim Haus von den Woganiggs, das schon sehr renovierungsbedürftig war, auf eine sehr gruselige Art die kaputten Türen und Fenster auf und zu. Otmar und sein kleiner Bruder Karli, der noch nicht zur Schule ging, bekamen es mit der Angst zu tun, und als es stockdunkel wurde, trauten sich die beiden nicht mehr nach Hause. Dass ihre Eltern um diese Zeit noch nicht zu Hause waren, kam regelmäßig vor. So richtete ihnen meine Mutter ein Bett und die beiden übernachteten eben bei uns. Frühzeitig am Morgen gab es noch schnell ein Frühstück und so eilten sie mit schlechtem Gewissen wieder runter zu ihrem Geisterhaus.

Da ihre Eltern am Abend wiederum sehr spät nachts nach Hause gekommen waren und noch geschlafen hatten, als die Jungs ankamen, bemerkten sie den nächtlichen Ausflug ihrer Söhne nicht und haben es auch nie erfahren.

Die Woganigg's hatten als Schlägerungsunternehmer immer wieder sehr zwielichtige, von Alkohol geprägte Holzarbeiter eingestellt, die auch in ihrem Haus wohnten. Da wurde schon so manches Wochenende durchgesoffen und wir beobachteten von unserem Aussichtskogel so manche kuriose Begebenheit. Vater und ich waren so um Weihnachten 1963 vom Hirschfüttern am Weg nach Hause. Dieser Winter zeigte sich sehr schneereich und Woganigg hatte die Straße in die Steinschale mit seinem noch recht einfachen Traktor mühsam geräumt und so waren oft bis zu zwei Meter hohe Schneewände am Straßenrand aufgetürmt. Wir machten nach dem Füttern noch eine kurze Rast beim Stromeier Leo und bemerkten danach am Heimweg eine ganz frische Fußspur auf der leicht angeschneiten Straße. Dieser Fußgänger benötigte auf seinem Heimweg die gesamte Straßenbreite und hatte Mühe weiterzukommen. Aber plötzlich waren in Abständen von etwa 50 Metern den ganzen Weg bis in die Steinschale links und rechts seltsame bis zu einem Meter tiefe Löcher in den Schneewänden. Vater konnte sich diese verrückten Spuren im Schnee vorerst überhaupt nicht erklären. Später haben wir erfahren, dass der betrunkene Holzknecht vom Woganigg, mit dem Spitznamen „Schah", am Heimweg exerziert und mit Vorwärts-Sprung-Deckung immer wieder diese tiefen Löcher mit seinem Kopf in die Schneewände gebohrt hatte. Wahrscheinlich versuchte „Schah" die furchtbaren Erlebnisse der Kriegsjahre im alkoholisierten Zustand zu verarbeiten. Ich bin sehr dankbar, dass der Alkohol in unserem Hause während meiner Kindheit und auch später überhaupt keine Rolle gespielt hatte. Ich kann mich nur einmal erinnern, dass Vater wirklich betrunken war. Vater und unser Jungjäger Sepp Schober blieben einige Tage vor dem Abtreiben auf der Vorderen Staritze in der Halterhütte durch irgendwelche Umstände länger sitzen und hatten um einiges zu viel getrunken. Bei aufkommender Dunkelheit machten sich die beiden, die nicht mehr ganz sicher auf den Beinen waren, über den Geiberboden in Richtung Steinschale auf den Heimweg. An dem überaus berüchtigten Steilstück vom Lichtkögerl dürfte Vater gestürzt sein und konnte ein Bein kaum mehr gebrauchen. Völlig fertig, aber immer noch sichtlich betrunken, kamen die beiden bei völliger Dunkelheit zu Hause an. Vater war total am Boden zerstört, denn es wurde ihm langsam bewusst, dass in drei Tagen die Herrschaft zur Hirschbrunft auf die Staritze kommt. Das war das einzige Mal, dass ich ihn wirklich betrunken sah, aber ich habe ihn auch sehr selten so temperiert gesehen. Der Fuß war zum Glück nicht gebrochen, aber es dauerte schon längere Zeit, bis er wieder vollständig hergestellt war. Die Hirschbrunft ist für ihn trotzdem nicht ausgefallen. Ich glaube, das hätte sich keiner vorstellen wollen: die Herrschaft während der Hirschbrunft auf der Alm und Vater zu Hause im Krankenstand.

Schneereiche Winter der Sechzigerjahre

Ausflug auf die Staritze mit unseren Sommerfrischlern Fritzi, Ingrid, Frau Wimmer, meine Cousine Anni, Mutter und ich

Die Familien Winkelbauer mit Vater auf der Alm und mit Mutter unter der Linde vorm Haus

Die „Sommerfrischler“

Die Sommerfrischler waren damals eine enorme Bereicherung für die entlegenen Höfe, und zwar nicht nur wegen der zusätzlichen Geselligkeit, sondern es war auch eine kleine finanzielle Hilfe. Während meiner ganzen Kindheit gab es bei uns Sommerfrischler, die sogar ihre Winterferien bei uns verbrachten. Für uns Kinder war das natürlich eine tolle Abwechslung, die ich niemals missen möchte. Die Ersten, an die ich mich erinnern kann, war die Familie Winkelbauer. Herr Winkelbauer war Flötist bei den Wiener Philharmonikern, ich nannte ihn immer Opabauer, und seine Gattin, die Frau Winkelbauer, hat meiner Schwester und mir eine unglaublich schöne Zeit beschert. Zu Weihnachten schickte sie uns Pakete mit dem damals nur in der Stadt vorhandenen, neu in Mode gekommenen unverwüstlichen Plastikspielzeug. Einige Male kann ich mich erinnern, dass meine Mutter und ich einen Tag vor Weihnachten die vier Kilometer durch den hohen Schnee zur Post nach Wegscheid gestapft sind, um die Pakete vom Wiener Christkind abzuholen. Bis zum Postamt sind sich drei Weihnachtsgeschichten, die mir Mutter erzählt hat, ausgegangen und nach jedem Ende hörte sie von mir nur „Bitte noch eine“, aber nie ein Jammern wegen des langen Weges. Aber auch sonst hat uns Frau Winkelbauer einiges von der Welt außerhalb der Steinschale gezeigt. Mit ihr waren wir auch das erste Mal im Erlaufsee baden. Meine Mutter ist zwar am Erlaufsee aufgewachsen, aber baden war sie auch an den wärmsten Sommertagen nie. Das durften damals nur die Männer, wenn es sehr heiß war, nach der Heuarbeit. Unverständlich, aber die Zeiten waren damals eben so. 1963 hat Frau Winkelbauer meine Schwester und mich für eine Woche nach Wien mitgenommen. Zu Fuß marschierten wir nach Wegscheid, von dort fuhren wir mit dem Bus nach Mariazell und anschließend mit dem Zug in diese für uns unvorstellbare Großstadt Wien. Ein einschneidendes Erlebnis für mich - Mutter dachte, ich würde sowieso nach der ersten Kurve in Richtung Wegscheid umdrehen und wieder zurückkommen, denn ich hatte noch nie wo anders geschlafen, außer in der Almhütte auf der Staritze. Sie hatte sich aber geirrt. Ich war tapfer und wagte den ersten Schritt in die weite Welt. In den nächsten Tagen durften wir in den Prater, die Geisterbahnen, Spiegelkabinetts, Gokarts und all diese Vergnügungsdinge genießen. Auch den Tiergarten Schönbrunn besuchten wir, und zum ersten Mal sah ich Tiere, die ich bis dahin nicht einmal in Bilderbüchern gesehen hatte. Ich war äußerst wortkarg in dieser Woche und kam vom Staunen nicht mehr heraus. Als Mutter einmal anrief, um sich nach uns zu erkundigen, sprach ich auch noch dazu zum ersten Mal in ein Telefon; sie konnte mir nur entlocken, dass ich Affen gesehen hatte, ansonsten war ich sprachlos und brachte kaum ein Wort heraus. Die Donauschifffahrt und den Aufstieg zum Donauturm habe ich strikt verweigert, das erschien mir eindeutig zu gefährlich. Dass ich ausgelacht und schief angeschaut wurde, ist mir auch noch deutlich in Erinnerung. Nicht nur, dass ich wie ein Steirerbub angezogen war, nein, ich grüßte auch noch in der Straßenbahn und auf der Straße einige mir völlig fremde, mich erstaunt angrinsende Wiener. Jahre später wurde mir erst bewusst, warum die Wiener, wenn man ihnen im Wald begegnet, nicht grüßen und sehr verwundert sind, wenn man sie auch noch anspricht. Eine weitere Sommerfrischler-Familie waren die Wimmers. Die hatten auch zwei Kinder: Fritzi war ein paar Monate und Ingrid zwei Jahre jünger als ich.

Familie Wimmer mit uns beim Skifahren und bei einem Spaziergang

Abschied nach schönen Ferien

Anfang der Sechzigerjahre nahmen sie die über vier Stunden lange Zugfahrt von Wien bis nach Mariazell in Kauf und ließen sich danach vom Bahnhof mit dem Taxi in die Steinschale bringen. Die Familie Wimmer verbrachte viele Jahre hindurch einen Monat im Sommer, die Winterferien und öfters auch die Osterferien bei uns in diesem entlegenen Graben. Sie haben dieses einfache Leben weit abseits der Stadt ohne Strom, Telefon und Wasserleitung im Haus sichtlich genossen. Vor allem für ihre Kinder bedeutete das die grenzenlose Freiheit. Im Vergleich zu heute: es muss ein unglaublicher Aufwand an Luxus für den Tourismus geboten werden, um Urlauber überhaupt anzulocken. Wir Kinder waren natürlich überglücklich, die Stadtkinder durften das Landleben kennenlernen, und ich hatte einen zusätzlichen Spielgefährten. Rosi war ja doch um vier Jahre älter als ich und Ingrid war um fast drei Jahre jünger. So waren wir beiden Jungs meistens unterwegs. Ich war natürlich der Anführer und nutzte den landunerfahrenen Stadt-Fritzi oft ungerechterweise schamlos aus. Als ich als Steinschaler Steirerbub in Wien war, war es eben umgekehrt, doch das hatte ich wahrscheinlich schon längst wieder vergessen. Für unsere Mutter waren Herr und Frau Wimmer auch eine enorme Erleichterung: Herr Wimmer war Küchenchef bei der Berufsfeuerwehr in Wien, wog an die 140 kg, und beide übernahmen für diese Urlaubszeit immer die Küche. So konnte sich Mutter nur ihrer Landwirtschaft und Gartenarbeit widmen. Heute wundere ich mich immer wieder, wie so viele Leute und vor allem der doch etwas korpulente Herr Wimmer in dieser kleinen Küche Platz fanden - aber als Kind war mir nie aufgefallen, dass es irgendwie zu eng war. Silvester wurde durch diese städtischen Urlauber groß gefeiert und alles spielte sich fast ausschließlich in diesem doch eher kleinen Raum ab, da nur dieser mit zwei Petroleumlampen einigermaßen hell beleuchtet war.

Marsch mit den Wimmers auf die Alm zum Jagdhausputzen

Rosi führt den Gästen unser Pinzgauerkalb vor

Wehmütiger Abschied bis zum nächsten Mal

Das große Vorhaus war nur mit einer eher schwachen Petroleumlampenflamme beleuchtet, die man auch zum Wasserholen oder auf den Weg zum Plumpsklo mitnehmen konnte. Nach dem Jahreswechsel gingen wir alle gemeinsam mit einem großen Scheiterschlitten hinter das Haus zum Donner-Blitz-Kogel und begrüßten mit einigen rasanten Fahrten das neue Jahr. Da ging es immer sehr lustig zur Sache, die Sektkorken knallten und es wurde laut gesungen. Aber ich erinnere mich nie daran, dass wer sichtlich betrunken war. Ein älterer Gast hatte bei solch einer nächtlichen Schlittenfahrt seine dritten Zähne verloren. Völlig verzweifelt suchte er sie am nächsten Tag und fand sie zum Glück trotz hoher Schneelage auch wieder. Mich prägten diese lustigen Silvesterfeiern in meiner Kindheit sehr. Später habe ich über drei Jahrzehnte hindurch mit meinen Kindern und meinen besten Freunden den Jahreswechsel in der Einschicht der Steinschale und später in der Höll bei Fackelbeleuchtung und großem Lagerfeuer genauso ausgiebig gefeiert und wir haben dadurch unvergessliche Erinnerungen.

Manchmal bekamen unsere Urlauber Besuch von ihren Freunden aus Wien, die auch öfters ein paar Tage blieben. Wenn das Wetter schlecht war, mussten wir uns im Haus die Zeit vertreiben. So wurde eben das große Vorhaus zum Fußballplatz umfunktioniert. Ein schon etwas grauhaariger, sehr lustiger Freund der Wimmers wollte uns Jungs zeigen, wie man Fußball spielt, und da ging es manchmal schon sehr heftig zur Sache. Einen Tag zuvor wurde bei uns am Hof geschlachtet und meine Eltern waren gerade damit beschäftigt, das Schwein aufzuarbeiten. In der Küche wurde die Füllung der Blutwurst vorbereitet und meine Schwester Rosi ging in die Speis, um die große Schüssel Schweineblut zu holen. Genau in dem Moment, als sie mit der vollen Schüssel das Vorhaus betrat, schoss sie ihr der lustige Wiener durch einen wuchtigen Fußballschuss aus der Hand. In dieser

Das einzige Mal, dass ich Vater mit einer Sonnenbrille sah

Spaziergang mit unseren Gästen

Umgeben von Enzian: Brandlbracken-Hündin Cora

Sekunde verwandelte sich das Vorhaus in ein Schlachtfeld. Alles war voller Blut: an der Decke, an den Wänden und am Boden. Für einen Moment herrschte Totenstille und zum Glück waren wir Buben, die ja meistens irgendwas angestellt hatten, unschuldig. Es war ja der lustige, erwachsene Wiener, der dieses Blutbad angerichtet hatte. Schnell halfen alle Erwachsenen mit, dieses Chaos wieder zu bereinigen und ich erinnere mich auch an keine bösen Worte. Nur Blutwurst hat es in diesem Jahr keine gegeben, was mich nicht wirklich störte, denn ich habe die nie wirklich gemocht.

Im späteren Herbst 1967 haben wir Kinder eines Abends auf der Teubenbacher Wiese ein Zelt und ein Auto entdeckt. Zeltler oder fremde Autofahrer gab es damals in der Steinschale überhaupt nicht, und sie wurden natürlich bestaunt. Wir gingen mit Vater auf sie zu und erfuhren, dass sie aus Tschechien vor einem Putsch geflüchtet waren, ihr Haus verloren hatten und um ihr Leben fürchteten. Meine Eltern haben sie daraufhin zu uns ins Haus zum Essen eingeladen und es wurde den ganzen Abend, so gut es möglich war, geredet, gedeutet und gedolmetscht. Für Vater waren die grausamen Kriegserinnerungen noch nicht allzu lang her – was wird wohl in ihm bei diesen Gesprächen vorgegangen sein? Ich aber hatte zum ersten Mal mitbekommen, dass Menschen flüchten müssen oder um ihr Leben bangen. Aber ich hatte auch durch meine Eltern gelernt, zu diesen Leuten freundlich zu sein, ihnen zu helfen und mit ihnen mitzufühlen. Vielleicht hatte ich auch deshalb in späteren Jahren immer einen guten Draht zu Ausländern oder Flüchtlingen, ja sogar einige sehr gute Freunde unter ihnen gefunden und zum Glück habe ich dadurch auch niemals Menschen nach ihrer Herkunft oder Hautfarbe beurteilt.

Schneeballschlacht, 1963

„Sepp Schober“

Sepp wurde in Kraubat im Murtal geboren und kam als Jägerlehrling in das Revier Seewiesen zu meinem Großvater Adam Breitler. Auch er erzählte mir Jahre später, dass mein Großvater ein überaus strenger Lehrherr war. 1956 kam Sepp als Jungjäger in die Steinschale zu meinem Vater. So wurde er im Laufe der Zeit ein fixer Bestandteil unserer Familie und ist in meiner Erinnerung, seit ich denken kann. Er wohnte im anderen Teil des großen Hauses in einer kleinen Wohnküche mit Vorraum und eigenem Eingang.

So gegen Ende der Fünfzigerjahre hatte Sepp enormes Glück: Mutter war gerade im Stall beschäftigt, während ein schweres Gewitter aufzog. Plötzlich gab es einen ohrenbetäubenden Knall, die angeketteten Kühe sprangen vor Schreck mit den Vorderbeinen in den Futtertrog, und Mutter, die währenddessen beim Melken war, hatte Mühe, die Milch im Eimer zu retten. Hinterher stellte sich heraus, dass es in den mittleren Rauchfang des Hauses eingeschlagen hatte. Der Blitz fuhr durch den Kamin in Sepps Küche, beim Ofenrohr durch die Wand und beim offenen Fenster wieder ins Freie. Auf der Wiese war deutlich der Einschlag zu erkennen und in der kleinen Küche waren überall Mauerteile verstreut. Dieses kleine Lüftfenster hatte er meistens offen und genau an dieser Stelle hat er auch immer gesessen, wenn er zu Hause war. Sepp hatte unglaubliches Glück, dass er nicht anwesend war, ansonsten hätte er das wahrscheinlich nicht überlebt. Sobald ich selbstständig laufen konnte und Sepp zu Hause war, lief ich zu ihm in seine kleine Küche und er lernte mir allerlei Blödsinn. Er gab mir Fuchs- und Katzenfleisch zu essen und erklärte mir, dass viele kleine bunte Männchen im Radio sitzen und zu uns sprechen würden. Sepp machte sich sogar die Mühe, kleine Holzfiguren bunt zu bemalen, um mir genau vorzuführen, wie diese ausschauen.

Tägliches Abendessen mit Sepp 1960

Revierjäger Martl Prumetz mit Jungjäger Sepp Schober

Hirschbrunft 1964

Jungjäger halfen damals in der Landwirtschaft mit

Sepp bei der Dienstbesprechung mit seinem Lehrherrn und im unteren Bild beim Reviergang im Trögeltal

Aber er lernte mir auch das Fürchten, das so weit ging, dass ich mich in der Dämmerung kaum mehr ins Vorhaus traute. Früher war es schon sehr gebräuchlich, den Kindern gruselige Geschichten zu erzählen, wovor sie panische Angst hatten, wobei der Glaube auch einiges dazu beitrug. Eine Unsinnigkeit, die ich später an meine Kinder niemals weitergegeben habe. Sepp hatte mir von einer Hexe erzählt und er würde auch genau wissen, wo sie wohnt. Neugierig wie ich war, wollte ich das unbedingt sehen. Zusammen gingen wir auf den Donner-Blitz-Kogel und oberhalb, etwas tiefer im Wald, befand sich ein großer spannender Felsstein. Dahinter sollte eine alte böse Hexe wohnen. Vorsichtig schlichen wir uns an, aber ich konnte nichts erkennen, das einer Hexenbehausung ähnlich war. Als ich mich umdrehte, war plötzlich Sepp verschwunden und ich stand völlig allein mitten im finster werdenden Wald. Ich war gerade mal sechs Jahre alt und erinnere mich, dass ich furchtbare Angst hatte – aber wie ich im Dunkelwerden wieder nach Hause gekommen bin, das weiß ich nicht mehr. Sepp hatte mir auch eingeprägt, wie man das nennt, wenn jemandem laute, stinkende Luft entwich: „Des is a Weana." Irgendwann saßen wir mit einigen Wiener Sommerfrischlern in der Küche zusammen, als plötzlich wer unüberhörbar Luft abließ. Sofort meldete ich mich lautstark und stolz: „Des wor jetzt owa a Weana."

Sepp kam jeden Abend in unsere Küche zum Abendessen und ein Häferl Milch bekam er für das Frühstück mit. Vater erzählte mir, als er Militärdienst leistete, verbrachte er den Urlaub nicht bei seiner Familie in Kraubat, sondern bei uns in der Steinschale. Irgendwann war er aber doch am Überlegen, den Jägerberuf aufzugeben und sich bei der Bundesbahn zu bewerben. Freunde hatten ihm das schmackhaft gemacht, denn Freizeit gab es als Jäger sehr wenig.

Ich erinnere mich noch recht gut: Ich stand als kleiner Junge daneben, als Vater auf ihn einredete, dies gut zu überlegen und doch bei seinem Beruf zu bleiben. Sepp hat eine gute Wahl getroffen und ist geblieben. 1967 hat er dann das Revier Höll übernommen und ist einer der letzten wirklichen Berufsjäger-Originale in dieser Gegend geworden. Als ich 1979 als Lehrling auf der Staritze anfing, fuhr ich regelmäßig zu ihm in die Höll, um ausführliche Gespräche über das Wild zu führen. Leider musste er wegen eines Herzinfarktes frühzeitig mit 51 Jahren die Pension antreten. 1989 habe ich sein Revier übernommen und es ist ihm sehr schwergefallen, sein Berufsjägerleben für immer aufzugeben. Es tut mir heute noch leid, dass für Sepp der Eindruck entstand, dass das Vorhandene aus seiner Zeit in der Höll nicht gut genug war, denn als ich das Revier übernahm, wurde vieles durch den neuen Pächter, Herrn von Finck, hergerichtet und neu gebaut. Dadurch entstanden auch für mich viele neue Möglichkeiten für die Wildbewirtschaftung, die Sepp vorher nicht gehabt hatte. Leider wurde dieses Missverständnis auch noch vom Personal am Brandhof angefeuert. 2007 ist Sepp beim Rehfüttern in der Nähe seines Hauses in Begleitung seiner geliebten Enkeltochter Sara verstorben. Ich gehe oft in Gedanken versunken an dieser Stelle vorbei und ich werde Sepp wohl mein Leben lang in bester Erinnerung behalten.

Zwei, die sich verstanden und immer was zu besprechen hatten

Ein Berufsjäger-Original wie aus dem Bilderbuch: Sepp Schober

Revier Jäger: „Martl" Mathäus Prumetz mit Jungjäger Sepp Schober 1957

Das „Heuen“

1960 hatten unsere Eltern begonnen, im Lerchgraben bei Gollrad Haus zu bauen. Ab 1964 sind wir dann regelmäßig während der Winterzeit von Mitte Oktober bis Mitte Mai in unser neues Haus übersiedelt. Meine Schwester musste den langen Weg von der Steinschale bis nach Aschbach während der gesamten Volksschulzeit auch den Winter über bewältigen. Mir blieben dadurch die schneereichen Wintermonate erspart. Kürzer war der Schulweg von Gollrad nach Aschbach allerdings auch nicht, jedoch war die Straße geräumt und hin und wieder gab es eine Mitfahrgelegenheit. In den Sommerferien kam ich trotzdem fast nie aus dem Graben der Steinschale heraus. Vater besaß nur sein Einsitzer-Moped und Mutter fuhr meistens mit dem Rad zum Einkaufen. Talwärts in Richtung Wegscheid fuhr es sich mit dem Rad recht flott, aber zurück mit den schweren Einkaufstaschen musste sie das Rad einen Großteil der Strecke schieben. Mutter ließ das große schwere Rad, das keine Gangschaltung hatte, immer am Zaun nach dem Teubenbacherhof stehen und schleppte den Einkauf das letzte steile Stück bis zum Haus hinauf. Rosi und ich mussten das Rad später immer holen, ich sollte anschieben, meine Schwester lenkte und so spaßten wir den steilen Kogel rauf. Es dauerte immer eine ganze Weile, bis wir oben angelangt waren. Jeden Freitag blieb auch der Bäcker mit lautem Gehupe beim Teubenbacherhaus stehen und wir beide mussten meistens das Brot heraufholen. Durch unseren kindlichen Übermut entwischte uns einmal, als wir schon fast oben angelangt waren, ein Drei-Kilo-Laib und rollte im hohen Tempo hundertfünfzig Meter die steile Leite hinunter. Mit einem riesigen Sprung über die Böschung landete er unten auf der Straße und blieb dort zum Glück unversehrt liegen.

Vater hatte für sein Zweigang-Moped einen kleinen Anhänger, um Salz oder Werkzeug ins Revier zu transportieren, aber ansonsten wurde alles zu Fuß oder von Hand erledigt. Manchmal saß ich hinten im Anhänger und schlüpfte unter eine Decke, damit mich keiner sah, wenn wir auf der Hauptstraße zu unserem Haus nach Gollrad fuhren.

Die gesamte Fläche der dreieinhalb Hektar großen Wiese um das Haus wurde damals bis Mitte der Sechzigerjahre noch mit der Hand gemäht.

Vater beim Mähen

Beginn der Heueinbringung und ich zog das Heutuch

Die hübsche Pinzgauerin Melander

Das gesamte Heu für vier bis fünf Rinder wurde mit dem Heutuch eingetragen

Schon im Morgengrauen wurde mit den Sensen zu mähen begonnen. Mutter musste ab sechs Uhr die Stallarbeit erledigen und Vater mähte mit Sepp bis etwa acht Uhr weiter. In dieser Heuerntezeit, in der auch meistens Sommerferien waren, weckte mich oft dieses gleichmäßige, beruhigende Rauschen der Sense, der Geruch vom frisch gemähten Gras und das leise Gebimmel der Glockenkuh, wenn sie von Mutter gemolken wurde. Dann wusste ich, die Stallarbeit ist bald erledigt, und ich stand völlig selbstständig auf, um die Kühe auf die Waldweide zu treiben. Nach dem Frühstück wurden die vom Mähen entstandenen Mahden geschüttet und je nach Witterung hergerichtet zu sogenannten „Hiefin“ oder „Schwedenreitern“. Schon das Errichten dieser Heutrocknungshilfen war ein enormer Arbeitsaufwand. Für die Hiefler wurden in der Herbst- oder Frühjahrszeit junge Fichten etwa auf eine Länge von zwei Meter fünfzig zugeschnitten und „gescheppst“ (von der Rinde befreit), die gesamten Äste wurden auf eine Länge von fünfzehn bis zwanzig Zentimeter zurückgeschnitten, und der Stamm unten, aber auch oben gespitzt. Auf der Wiese wurde mit einer Eisenstange ein Loch gebohrt und ein wenig Wasser für eine bessere Haftung reingeschüttet. Danach wurde der Hiefler mit Schwung reingerammt und das schon etwas angetrocknete Heu gekonnt um den Hiefler gedreht. Man nannte das „Hiefleraudran“. Mit der Gabel wurde das restliche Heu durch den oben gespitzten Hiefler gedrückt. Als Junge musste ich immer Wasser in das Loch schütten. Ich kam immer wieder in Versuchung, ein bisschen mehr reinzukippen, um dadurch dem Hieflersetzer eine heftige Abkühlung durch das Zurückspritzen von einer Mischung aus Wasser und Erde zu verschaffen. Das führte oft so weit, dass ich schon vor dem ersten Schock des Betroffenen die Flucht ergriff, um sein verschmutztes Gesicht außer Reichweite zu bestaunen. Auch das Schwedenreitern war ein enormer Aufwand: die Stangen brauchten zwar keine Äste und waren etwas kürzer, aber man brauchte davon auch eine ganze Menge. Es wurden in einer Reihe, je nachdem, bis zu vierzig Stangen gesetzt und an jedem Ende ein kürzerer Stipfl schräg eingeschlagen, um dem Draht Halt zu geben.

Danach wurden die Drähte von unten beginnend gespannt und das leicht angetrocknete oder auch frisch gemähte Gras locker darübergehängt. Es wurde bis zu zehnfach bespannt und so entstand ein Heuzaun, an dem das Futter überaus schonend trocknen konnte. Die späteren, um einiges schnelleren Methoden zum Trocknen durch Maschinen erreichten nicht annähernd die Qualität wie die der Schwedenreiter. Das fertig getrocknete Heu wurde mit einem quadratischen Tuch, das an zwei Ecken Seile und gegenüberliegend zwei Metallringe hatte, am Kopf zum Heustadel getragen und wir Kinder mussten am Stadel „Heu treten". Dabei machte uns oft die Hitze zu schaffen, aber auch die Nägel, die aus den Dachbalken hervorstanden, wenn der Abstand zum Dach immer geringer Wurde. Das alles war ein sehr hoher, anstrengender Arbeitsaufwand – und das alles mit keiner einzigen Maschine auf der Wiese. Bei günstiger Witterung wurde das Heu am Abend gehäufelt, am nächsten Tag wieder angestreut und umgedreht, bis es trocken war. So wurden diese dreieinhalb Hektar Wiese, je nach Witterung, Stück für Stück abgeerntet und die Trocknungshilfen wie Hiefler und Schwedenreiter wieder abgetragen. Danach gab es vier bis sechs Wochen eine Pause und dann ging es für das Grummet wieder von vorne los. Einen großen Kartoffelacker gab es auch, der noch mit dem Pferd umgeackert wurde. Rosi und ich mussten die Erdäpfelkäfer einsammeln, die wir dann mit Petroleum in einer Dose abfackelten. Die gesamte Ernte wurde händisch ausgegraben und mit der hölzernen Radeltruhe nach Hause gebracht. In der Tenne wurden sie sortiert in Speise- oder Futtererdäpfel und nach dem Trocknen in der Herbstsonne im Keller gelagert.

Diese großen Flächen nur mit dem Rechen zusammenziehen

Beim Hiefler eintragen

Das Jagdhaus im Nebel

Blick vom Lichtkögerl auf die Steinschale

Ab 1964 waren wir während des Winters in unserem neuen Haus in Gollrad, aber Strom hatten wir trotzdem nicht. Gollrad hatte damals ein eigenes Stromaggregat, das vom Gasthof Egger betrieben wurde. Aber durch das ständige Ansteigen von Elektrogeräten in den Haushalten wurde dieses mit der Zeit zu schwach. Manchmal waren wir samstags bei Nachbarn zum Fernsehen eingeladen. Oft wurde durch die zunehmende Belastung des Stromnetzes das Bild immer kleiner, bis es schlussendlich ganz ausfiel. Somit war der Fernsehabend frühzeitig beendet. Deswegen hatten meine Eltern das Haus zwar mit Stromleitungen ausgestattet, aber nicht an dieses Aggregat angeschlossen, da schon vorauszusehen war, dass Gollrad in absehbarer Zeit an das allgemeine Stromnetz angeschlossen wird. Uns hatte das kaum berührt, wir waren es ja nicht anders gewohnt und so kamen wir erst Anfang der Siebzigerjahre in Berührung mit diesem Fortschritt. Für mich bedeutete die Steinschale nach wie vor grenzenlose Freiheit und war immer noch der schönste Platz, den ich mir vorstellen konnte. Inzwischen waren wir schon so groß, dass man uns alleine auf die Staritze schicken konnte. 1968 wurde das Jagdhaus von Baron Mayr-Melnhof durch Salzburger Zimmerleute renoviert. An einem Hochsommertag mussten unsere Eltern zu Hause die Heuarbeit erledigen und Vater hatte daher keine Zeit, die Arbeiter auf der Alm mit Brot zu versorgen. So wurden meine Schwester und ich mit reichlich Brot im Rucksack auf den langen Weg geschickt. Zur Sicherheit sollten uns die beiden Jagdhunde Cora und meine Hexi begleiten. Wir gingen den Steig über das Lichtkögerl, den ich ja mit Vater schon oft gegangen war. Darunter liegend auf der Wiese waren unsere Eltern mit Heuarbeiten beschäftigt. An manchen Stellen konnte man zwischen den Bäumen immer wieder auf die Wiese runtersehen.

Mein Hausberg, die Staritze

Was wir aber nicht sehen konnten, war ein Adler, der nicht sehr hoch die ganze Strecke direkt über uns kreiste. Er begleitete uns bis auf das Hochplateau. Unsere Eltern hatten schon Sorge, denn von unten schaute das doch etwas bedrohlich aus, wenn er sich immer wieder über uns herabließ. Wahrscheinlich hatte der Adler es auf die Hunde abgesehen. Aber es ist alles gut gegangen, wir haben auch tadellos den Steig über den langen Almboden bis zum Jagdhaus gefunden. Schlussendlich waren wir ungefähr eineinhalb Stunden unterwegs. Mit großer Freude wurden wir von den Salzburger Zimmerleuten empfangen und sofort bekocht. Hungrig hatten wir uns über die Ravioli aus der Dose hergemacht, die vorzüglich schmeckten und für uns damals nicht alltäglich waren. Auch den Heimweg bewältigten wir tadellos und wurden von unseren Eltern gelobt, was uns natürlich sehr stolz machte. Dass ich damals schon einen eigenen Hund hatte, war natürlich auch wunderschön. Dazu kam es, dass Vaters Zuchthündin, eine Brandel-Bracke, mit dem Bayrischen Gebirgsschweißhund des Nachbar-Försters aus dem Brunngraben ein unerlaubtes Verhältnis hatte. Daraus entstanden sechs oder sieben braune Mischlingshunde, die für den Zuchtverkauf wertlos waren. So kam ich zu meiner kleinen Hexi, die ich natürlich sehr mochte. Sie war die Kleinste von diesem ungewollten Wurf und ist uns einfach übrig geblieben. Leider durfte ich sie nur etwa zwei Jahre behalten. Bei einer schwierigen Nachsuche stürzte dem damaligen Jäger vom Brandhof Holzer Sepp sein Hund in einer Felswand ab, daher suchte er dringend einen neuen Begleiter. Leider konnten meine Eltern seinem Gebettel nicht standhalten und da drei Hunde in unserem Hause ohnehin zu viel waren, bekam er meine über alles geliebte kleine Hexi. Ich war unendlich traurig und mochte seitdem diesen Jäger nicht mehr. Nach einigen Monaten haben wir den Oberjäger am Friedhof zufällig getroffen und meine Hexi saß auf der Rückbank seines Autos.

Der große und der kleine Jäger von der Steinschale

Meine braune Hündin Hexi – Fritzi, Ingrid und ich

Meine kleine Hexi

Heute sind Selfies sehr modern, aber anscheinend hatte ich das damals schon drauf!

Als ich freudestrahlend zu ihr ging, würdigte sie mich keines Blickes. Sie wandte sich sofort ab und schaute tief beleidigt auf der anderen Seite beim Wagen raus, wahrscheinlich konnte sie nicht verstehen, warum ich sie verlassen hatte. Lange Zeit hat mich meine schwer vermisste kleine Hexi noch beschäftigt, aber für später hatte ich daraus gelernt, niemals einen Hund seinem Herrn zu nehmen.

1968 musste die Familie Woganegg nach Wegscheid übersiedeln. Das alte verwahrloste Haus, das seinem Bruder, einem Förster aus Kärnten, gehörte, wurde über ein Zeitungsinserat zum Verkauf angeboten. Meine Mutter übernahm den Hausschlüssel, um es Interessenten zu zeigen. 1969 kam unter anderem auch die Familie Artmann in die Steinschale, um sich dieses sehr heruntergekommene Haus anzusehen. Mutter empfand sofort Sympathie für diese überaus nette Familie aus Wien. Woraufhin sie dem Förster Maletz einen Brief schrieb und ihn darin nahezu bedrängte, den Preis für dieses verwahrloste, kaputte Haus zu senken, da die Familie Artmann die richtigen Leute für die Steinschale wären. Das hatte tatsächlich geklappt und so bekamen wir die besten Nachbarn, die man sich in dieser Einschicht überhaupt nur wünschen konnte, und sie blieben uns auch viele Jahre erhalten. Das alte Teubenbacherhaus wurde mit viel Liebe hergerichtet und es kam wieder Leben in die aussterbende Steinschale.
Mittlerweile war ich etwas über zehn Jahre alt geworden, und der Fortschritt brachte es mit sich, dass mir ein reparaturbedürftiges Moped in die Hände fiel. Eine Einsitzer. Dreigang-Puch, die für Vater nicht mehr zu gebrauchen war, durfte ich von nun an mein Eigen nennen. Ständig habe ich an diesem Moped herumgeschraubt und mit erfragten Ratschlägen ganz gut auffrisiert. Mit größerem Zylinder und der damals üblichen Einstelldüse ist dieses kleine Moped ganz gut gelaufen. Natürlich wurde auch der Auspuff ausgeräumt, so fetzte ich immer wieder durch die Gegend und fühlte mich dabei unendlich frei. Zwanzig Jahre später hätte ich meinen Kindern niemals erlaubt,

in dieser entlegenen, absolut ruhigen Natur so zu lärmen, aber Vater ist damals völlig ruhig geblieben und die Zeiten waren damals eben anders. Für die Familie Artmann tut es mir heute noch leid, aber sie hatten es geduldig ertragen und sich nie beklagt über meinen unausstehlichen Lärm. Für heutige Zeiten wäre das unvorstellbar und das ist auch gut so.

Ende der Sechzigerjahre stellte unser Jagdherr Baron Mayr-Melnhof einen „Puch-Haflinger"-Geländewagen in die Steinschale, um die Arbeit im Revier für Vater zu erleichtern. Er konnte aber mit dieser Modernisierung absolut nichts anfangen. Ein Versuch, dieses Fahrzeug zu steuern, ist kläglich gescheitert: Er war sehr nahe dran, mit diesem Haflinger über eine steile Böschung zu stürzen. Es blieb auch bei diesem einen Mal, er wollte das einfach nicht und damit war es abgetan. So brauchte man immer einen Chauffeur für erlegtes Wild oder sonstige Transporte. Jeder war dazu nicht geeignet, denn dieses kleine schmale Allradfahrzeug war rechtsgesteuert und daher sehr gewöhnungsbedürftig zu lenken. Allradbetriebene Geländewägen waren damals in den Sechzigerjahren noch selten, die Almfahrten sehr abenteuerlich und die Fahrer sehr schlecht. Man konnte mit diesen technischen Hilfsmitteln nicht annähernd so umgehen wie in heutiger Zeit. Durch die zunehmende Holzschlägerung auf der Staritze und der äußerst schonungslosen Holzlieferung quer über die Almböden mit großteils noch nicht allradbetriebenen Traktoren wurden dadurch bei schweren Gewittern enorme Schäden an den Wegen angerichtet. So war die Straße auf die Alm meistens in einem äußerst schlechten Zustand. Als elfjähriger Junge begleitete ich damals den zuständigen Forstmeister mit unserem rechtsgesteuerten Haflinger auf die Staritze. Seine Nervosität und Angst, mit diesem etwas höheren schmalen Vehikel diesen steilen ausgeschwemmten Weg zu fahren, war für mich richtig zu spüren. Der Forstmeister fuhr mit zwei Rädern immer auf der Böschung und wir drohten ständig zu kippen. Er hatte sichtlich Angst vor dem Abgrund und war total überfordert. Ich erlebte mehrere solche abenteuerliche Almfahrten.

Verschiedene Ansichten der Steinschale

Vor dem Jagdhaus auf der Staritze. Von rechts Frau Trude, Vater, ich als Chauffeur, Mutter, die Frau eines Jagdgastes und Herr Artmann, unser Nachbar in der Steinschale

Einen Gast ins Jagdhaus gebracht – Forstdirektor Koch und ich

Einen jungen Forstpraktikanten, der diesen rechtsgesteuerten Haflinger absolut nicht im Griff hatte, musste ich auch einmal auf die Alm begleiten – bedauerlicherweise hatte er einen Abszess und konnte die rechte Hand kaum gebrauchen. Auf einem sehr steilen Wegabschnitt lag ein größerer Stein mitten auf der Straße. Der Praktikant hat in seiner Panik völlig falsch reagiert, ist immer schneller geworden und auf diesen Stein voll aufgeritten. Ich musste blitzschnell die Handbremse anziehen, um den behinderten Lenker zu unterstützen. So kamen wir schräg auf diesem sehr steilen Straßenstück aufsitzend auf dem Stein zu stehen. Gemeinsam mussten wir irgendwie versuchen, aus dieser bedrohlichen Situation zu kommen. Dem Praktikanten war die Panik deutlich anzusehen, als wir völlig unkontrolliert etwa zehn bis fünfzehn Meter immer schneller werdend rückwärts fuhren. Schlussendlich hatten wir es dann doch noch geschafft, uns gemeinsam aus dieser misslichen Lage zu befreien. Im Laufe der Zeit hatte ich mir durch solche Abenteuer mit verschiedenen Lenkern die Bedienung des Haflingers sehr genau eingeprägt und so konnte ich das Fahrzeug recht bald selber steuern – allerdings nur unter Aufsicht und wenn es wirklich notwendig war. So durfte ich mit 13 Jahren das gesamte Heu einführen, Wildfutter oder erlegtes Wild liefern. Eine außergewöhnliche Gelegenheit für mein Alter! Natürlich war ich mit Begeisterung bei der Sache. Ich hatte mich ja schon zwei Jahre vorher im Autofahren versucht, allerdings noch unerlaubt, und das wäre beinahe nicht so gut ausgegangen. Meine Schwester und ich waren alleine zu Hause, als ein altes Weibl aus Gollrad, die „Lechner Nandl", vorbeikam. Die alte zierliche Frau war etwas kauzig und irgendwie zurückgeblieben, sie ist einige Jahre später ziemlich verwahrlost im Hauserbauernhof, gegenüber von unserem neu erbauten Haus, völlig vereinsamt erfroren. Sie saß eine Zeit lang bei uns und wir spaßten mit ihr herum. Beim Stall oberhalb vom Haus stand der Land Rover aus Salzburg, der für Almfahrten gebraucht wurde, und ich wusste, dass der Schlüssel für den schweren Wagen aus Sicherheitsgründen in der Küche am höchsten Punkt vom Hirschgeweih hing. Als die Nandl aufbrechen und weitergehen wollte, boten wir ihr spontan an, sie nach Hause zu fahren. Ich habe keine Ahnung, was wir uns dabei gedacht hatten, vor allem meine Schwester war ja vier Jahre älter als ich. Also rannte ich schnell in die Küche, holte mit dem Besenstiel den Schlüssel vom Geweih und lief zielstrebig rauf zum Rover. Rosi und die Nandl verfolgten neugierig, wie ich den Schlüssel ins Schloss steckte. Zum Glück war die Lenkung scharf nach links eingeschlagen, denn es war ein Gang eingelegt. Nach dem ersten Startversuch fuhr das Auto sofort los, wahrscheinlich stand ich auch noch voll auf dem Gaspedal. Danach krachte der robuste Rover nach etwa zehn Metern in das Stadeltor und kam abrupt wieder zum Stillstand. Zum Glück stand die Lenkung nicht gerade, denn sonst wäre ich dreißig Meter bergab in die Hausmauer gedonnert. Schlauerweise hatte ich in meiner Panik den Rückwärtsgang eingelegt und nach mehrmaligem Starten ist das Auto wieder auf die ursprüngliche Position zurückgesprungen.

Meine Schwester und die Nandl waren sofort verschwunden, ich habe den Schlüssel sofort wieder an seine Stelle gebracht und mich bemüht, alles wieder so zu richten, wie es war. Der Land Rover war ja sehr robust und es war ihm nichts anzumerken, aber beim Tennentor waren einige Bretter ab. Unseren Eltern erklärten wir später, dass unsere Melander, die Pinzgauerkuh durch den kleinen Eingang in die Tenne gelangt war und in ihrer Verzweiflung beim großen Tor wieder rauswollte. Irgendwie hatten wir das ganz gut hinbekommen. So war eben die Kuh für diesen Schaden verantwortlich und unsere Eltern erfuhren die ganze Wahrheit erst einige Jahre später von ihren braven Kindern.
Mit dreizehneinhalb Jahren durfte ich dann auch das erste Mal unter Aufsicht von Oberförster Pickl mit dem Haflinger auf die Staritze fahren. Die Straße war an manchen Stellen bis zu einem halben Meter tief in der Mitte der Fahrbahn ausgeschwemmt. Diese Rinne musste ich an vielen Stellen genau zwischen die Räder nehmen, doch ich habe das alles ganz gut gemeistert und bekam großes Lob. Vater war als Nicht-Autofahrer ein überaus schlechter Beifahrer, er hatte immer Angst, wenn irgendjemand mit ihm auf die Alm fuhr, und er ließ seine Kritik auch hören. Aber wenn ich mit ihm fuhr, war er immer zufrieden und kommentarlos. Auch Herr Baron Mayr-Melnhof hat es erlaubt, dass ich mit dem Haflinger im Revier fuhr. So kam es des Öfteren vor, dass Vater und die Jagdgäste auf mich schon warteten, bis ich von der Schule nach Hause kam, um sie mit dem Haflinger auf die Alm zu bringen. Danach fuhr ich auch meistens alleine wieder nach Hause. Ein enormes Vertrauen, das mir da entgegengebracht wurde, und ich nutzte das auch niemals aus, wenn keine Begleitung dabei war. Viele Jahre später hatte ich das selbe Vertrauen zu meinen Kindern. Sie fuhren in frühester Kindheit mit allen möglichen Fahrzeugen, besonders Christian war schon mit elf Jahren ein hervorragender Auto- sowie Traktorfahrer.
Die Rechtssteuerung bei diesem Haflinger hat mich nie wirklich gestört - ich hatte das Fahren ja so gelernt, es stellte sich sogar heraus, dass gerade das für mich einmal ein großer Vorteil war. Bei der Frühjahrs- und Herbstsiedelung war ich meistens der einzige greifbare Chauffeur und so habe ich auch die kurze Strecke von drei Kilometern zwischen Wegscheid und Gollrad auf der Hauptstraße im Alter von 14 Jahren schon recht gut bewältigt. Ich kann mich erinnern, dass uns einmal die Gendarmerie begegnete. Ich fuhr, Vater saß daneben und sie haben freundlich gegrüßt – wahrscheinlich in der Annahme, der Junge sitzt brav daneben. Auf der anderen Seite zu sitzen hat eben manchmal auch seinen Vorteil. Betrunken Auto zu fahren hatte ich in meinem späteren Leben völlig ausgelassen, dabei habe ich mich nie wohlgefühlt. Aber einmal, ich ging in die letzte Schulklasse, fuhren Vater und ich über den Brunngraben nach Waldsiedel, um Heu einzubringen für die Wildfütterung. Da war auch ein Stück Hauptstraße mit zwei Kilometern zu bewältigen. Nach der schweißtreibenden Arbeit hatten wir einige Biere getrunken und die wären mit Sicherheit zu viel gewesen, um minderjährig und vor allem ohne Führerschein auf der Hauptstraße zu fahren, aber Vater blieb dabei recht ruhig. Zu dieser Zeit habe ich auch noch meiner Mutter das Autofahren beigebracht und sie hat mit über fünfzig Jahren noch die Führerscheinprüfung bestanden. Als ich dann aus dem Hause war, wurde sie Vaters Chauffeurin. Sie fuhr problemlos die schwierige Strecke auf die Staritze und meisterte sogar Strecken außerhalb des Bezirks. Tolle Leistung, in dem

Alter diesen Schritt zu wagen, und vor allem war es für meine Eltern sehr wichtig, um mobil zu bleiben.
Wenn eine fremde Person mit dem Haflinger auf die Alm fuhr, war Vaters liebster Platz hinten auf der Ladefläche, an der sich zwei aufklappbare Sitze befanden. Er bevorzugte immer den auf der Bergseite, um möglichst schnell bei drohender Gefahr abzuspringen. Einmal wäre auch das beinahe schlimm ausgegangen. Bei ganz steilen Strecken sowie kurz vor dem Totenkammerl, an dem vor vielen Jahren ein Pferdefuhrwerk abgestürzt war, stand Vater immer auf und hielt sich vorne am Führerhaus beim Bügel fest. Im Inneren des Haflingers zwischen den Sitzen stellte ein äußerst unvorsichtiger Jagdgast sein nicht gesichertes Gewehr in den Waffenständer. Durch das heftige Rütteln der schlechten Straße ging plötzlich ein Schuss los. Vater hatte großes Glück, die Kugel durchschlug das Autodach und pfiff etwa vierzig Zentimeter an seinem Kopf vorbei. Diese Geschichte hatte ich in späteren Jahren, wenn ich mit Jagdgästen unterwegs war, immer wieder in meinen Gedanken.
Gewehre waren für uns Berufsjägerkinder völlig normal und hingen meistens unterladen in der Garderobe im Vorhaus. Vater hatte auch nie eine übertriebene Beziehung zu seinen Waffen, es waren eben notwendige Arbeitswerkzeuge. Jagdgewehre hatten mich in der Kindheit oder Jugendzeit überhaupt nicht interessiert und auch später in meiner Berufsjägerzeit waren sie nur Berufswerkzeuge, die exakt treffen mussten, aber mehr nicht.

Nur einmal hatte Vater kurz versucht, diesen Haflinger selbst zu steuern

Anfang der Sechzigerjahre: der Sägewerksbesitzer von Wegscheid und Gasthof-Betreiber von Gollrad, Franz Egger, hatte den ersten Jeep in dieser Gegend; daneben mein Vater.

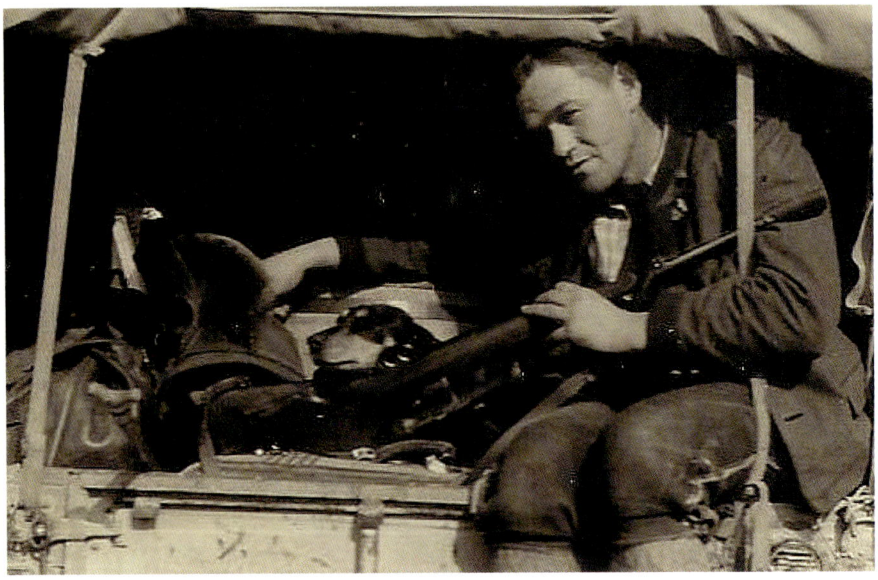

Bei der Hirschbrunft – Aufsiedeln ins Jagdhaus auf die Staritze. Für Vater war der sicherste Platz hinten im Jeep oder auf der Ladefläche am Haflinger, um bei Gefahr abzuspringen.

1966: Nach diesem Bild überreichte uns Herr Baron Mayr-Melnhof eine Bestätigung dieser Aufnahme. Als wir das Blatt wendeten, war es dieses Bild. Neueste Technik im hintersten Graben.

Aber eines habe ich früh gelernt: nie einen Gewehrlauf auf Menschen zu richten und die Waffe im Auto so zu lagern, dass der Lauf niemals in die Richtung eines Mitfahrers zeigt, auch wenn sie entladen ist. Aber auch darauf zu achten, dass beim jagdlichen Tragen eines Gewehrs nie die Mündung auf andere Personen zeigt, war immer eine wichtige Grundregel für mich. Eine Gewehrmündung vor Augen zu haben, auch wenn keine Kugel im Lauf ist, ist ein äußerst unangenehmes, beklemmendes Gefühl.

1968 kam ich von der Volksschule Aschbach in die Hauptschule nach Mariazell – sozusagen vom hintersten Graben in die Stadt. So erfuhr ich recht bald, dass es noch etwas ganz anderes gab als Kurzhaarschnitt, Lederhose und Gamsbarthut. Aber all diese Dinge schufen für mich ab etwa der dritten Hauptschulklasse schwere Probleme. Die Haare wurden immer länger, die Lederhose durch die Bluejeans ersetzt und der Hut mit Gamsbart ging gar nicht mehr. Dadurch handelte ich mir nicht nur zu Hause ständigen Ärger ein, auch die Gesellschaft beäugte mich überaus kritisch. Dazu kam noch, dass mich die Musik der Woodstock-Ära völlig fasziniert hat. Diese friedliche, freie, ohne Rassenvorurteile neue Zeit, die diese Musik zum Ausdruck brachte, ließ mich einfach nicht mehr los. Volkstümliche Musik hat mich nie wirklich berührt, vor allem die Marschmusik konnte ich von klein auf überhaupt nicht ausstehen. Diese zackig marschierenden, gedrillten, uniformierten Musikanten mit der exakt dazupassenden Musik empfand ich von Anfang an äußerst bedrohlich und schrecklich. Schlagermusik wurde auch damals viel im Radio gespielt, doch dieses herzzerreißende Gesülze wirkte auf mich absolut sinnlos. Dagegen löste mehrstimmig gekonnter Gesang ohne Alkoholeinfluss in der dazupassenden Umgebung wie auf der Alm, im Einklang der Kuhglocken, Gänsehaut und sogar Tränen in mir aus. Auch mehrstimmiger Weihnachtsgesang oder Zithermusik berührt mich sehr. Meine Mutter und meine Schwester hatten zu Weihnachten, für mich unvergesslich schön, zweistimmig gesungen. Doch diese neue Rockmusik mit etwas härterer Gangart hat mich von Anfang an fasziniert und nie wieder losgelassen. Genau das wollte ich machen. So erbettelte ich mir meine erste Gitarre und versuchte unermüdlich, diese Musik nachzuspielen. Von meinem Schulfreund Herbert Blauensteiner, der Gitarrenunterricht hatte, ließ ich mir die Akkorde beibringen und so wurde ich nach kurzer Zeit in einer Gruppe für rhythmische, moderne katholische Messen aufgenommen. Dadurch war ich freiwillig des Öfteren in den Kirchen sowie Pfarrhöfen und bekam aber auch einen Einblick, was da so ablief. So entwickelte ich recht schnell eine Art Abneigung gegenüber dieser für mich doch recht diktierenden Religion. Ich hatte schon in den Unterrichtsstunden die Erfahrung gemacht, dass so mancher Pfarrer für meine Begriffe recht aggressive Methoden anwandte, um mit mir klarzukommen. Durch das Musizieren in der Kirche hatte ich auch recht schnell durchschaut, dass manche Pfarrer doch nicht so ein keusches Leben führen, so wie sie es für uns predigen.

Dazu kam noch, dass ich im Firmungsunterricht dem Pfarrer nicht glauben wollte, dass Maria als Jungfrau ein Kind zur Welt gebracht hatte. So ließ er mich bei der Prüfung empört durchfallen. Zu Hause löste das natürlich enormes Chaos aus und Mutter hat alle meine mühevoll gesammelten Poster aus meinem Zimmer entfernt. Meine Firmpatin hatte für mich schon eine Uhr gekauft, und so wurde der Pfarrer gebeten, mir doch noch eine Chance zu geben, da eine Firmung damals unumgänglich war. So wurde ich vor einigen versammelten Verwandten bei uns zu Hause in der Küche geprüft. Ich als Steinbock geborener Dickschädel sollte das Glaubensbekenntnis lernen, also habe ich es bewusst sehr stotternd vorgetragen, dass alle mir dabei helfen mussten. Gnädig wurde ich durchgelassen und durfte diese lange, für mich sinnlose Prozedur der Firmung in der Mariazeller Kirche miterleben. Das alles war für mich sehr demütigend, aber in dieser Zeit wäre es undenkbar gewesen, sich nicht firmen zu lassen. Meine Kinder hatten eine Generation später ähnliche Probleme mit dem Religionsunterricht und Stefan, mein jüngster Sohn, hat sich ohne die geringste Beeinflussung von meiner Seite auch nicht firmen lassen. Er ist trotzdem ein überaus tüchtiger, korrekter Mensch geworden und ich bin sehr stolz auf ihn. Nach meiner ersten, aber auch zum Glück letzten, allerdings auferzwungenen Beichte während meiner Schulzeit war ich doch etwas überrascht und nachdenklich. Da ich doch genau beobachtet hatte, dass dieser Pfarrer, der mir die Beichte abnahm, einer Dame sehr, sehr nahe kam. Was ich eigentlich nicht sonderlich schlimm fand, aber er hatte ein Gelübde abgelegt, genau das nicht zu tun, und ich sollte zu ihm beichten gehen. Das wollte und konnte ich nicht verstehen. Als es Jahre später öffentlich wurde, was sich so manche Hochwürden mit Kindern oder Jugendlichen geleistet hatten und wie die Kirche darauf reagierte, empfand ich nur mehr Abscheu. Fassungslos war ich auch, als ich in späteren Jahren beobachtete, wie nahe unser Pfarrer in Gußwerk seinem Freund kam, dem man auch nachsagte, eine diesbezügliche Strafe für ein Vergehen an Jugendlichen verbüßt zu haben. Ich wollte mir nicht vorstellen, dass dieser Pfarrer meinen Kindern im Volksschulalter, die absolut frei von Sünden sind, die Beichte abnimmt oder sie auch nur unterrichtet. Wenn ich mir heute schon mit etwas Lebenserfahrung überlege, welches Leid und Grausamkeiten die verschiedensten Religionen weltweit angerichtet haben und es noch immer tun, so bin ich froh, von diesem Virus nicht befallen zu sein. Glaube bedeutet für mich, es nicht zu wissen, aber ich weiß, dass der Respekt vor der Natur, deren Lebewesen und Mitmenschen überaus wichtig ist. Aber ich weiß auch, dass ich vor niemandem auf die Knie zu fallen habe. Kurz gesagt: Während des Aufenthaltes auf diesem Planeten kein Arschloch zu sein, reicht für mich völlig aus. Jede Religion behauptet, ihr Gott sei der einzig richtige, und verteidigt ihn mehr oder weniger aggressiv. Und alle diese „Götter" sehen tatenlos zu, wie wir betrügen, morden und unsere wunderschöne Welt völlig sinnlos zugrunde richten. Ein Zitat eines älteren Herrn aus unserer Gegend, den ich einige Male als Jagdgast führen durfte – seinen beiden Töchtern hatte er es so gelehrt: Keine Betweiber zu werden, sondern stillschweigend und ohne aufdringlich zu sein die letzten acht Gebote als selbstverständlich anzusehen. Diese wegweisende Aussage blieb stets in meinen Gedanken.
Meine Liebe zur Rockmusik wurde immer intensiver. Ich hatte enorme Ausdauer, mir die Akkorde und die Texte von den Platten herunter-

zusaugen, um sie selber zu spielen. In dieser Zeit war ich der langhaarige, jeansbekleidete Hippie, mit Gitarre unter dem Arm, sehr oft per Autostopp nach Mariazell unterwegs. Die Leute in den kleinen Ortschaften beäugten mich äußerst kritisch und abweisend. Es gab damals sehr wenige ältere Leute, die mein Verhalten verstehen oder tolerieren wollten, obwohl ich überhaupt noch nichts angestellt hatte. Schlimm wurde es erst, als ich mit der Volksdroge, dem Alkohol, in Berührung kam. Das war die einzige Zeit in meinem Leben, für die ich mich etwas schäme. Es war generell zu beobachten, dass die Jugendlichen, die aus den entlegensten Gräben kamen, das Gefühl hatten, etwas versäumt zu haben, und dadurch besonders die Sau rausließen. Bei mir war das extrem, und ich habe fast zwei Jahre gebraucht, um dahinterzukommen, welch ein verblödendes und entwürdigendes Verhalten der Alkohol auslöst. In dieser Zeit habe ich mir einige Strafen wegen Raufhandel und Ruhestörung eingehandelt und es kam ein paar Mal vor, dass die Gendarmen mich an meiner Lehrstelle bei der Firma Maier in Gußwerk aufsuchten. Zum Glück wurde mir Arbeitswille sowie Geschicklichkeit in die Wiege gelegt. Ich schloss meine Schmiedelehre erfolgreich ab und hatte auch sonst nie Probleme in der Arbeitswelt. In den Siebzigerjahren war es noch fast die Regel, dass bei jedem Fest oder auch nur am Wochenende irgendwo gerauft wurde, und ich musste natürlich immer wieder mit dabei sein. Meine Eltern haben sich in dieser Zeit große Sorgen um mich gemacht und das tut mir heute noch leid. Ich habe diese Sinnlosigkeit jedoch ziemlich schnell kapiert und von heute auf morgen keinen Alkohol mehr getrunken – aber den Ruf loszuwerden, hat einige Zeit gedauert. Das Spielen von Rockmusik und mein Aussehen brachten mir allerdings den Ruf des Haschlers ein und der blieb für lange Zeit an mir haften. Obwohl es nie einen Beweis dafür gab und mich auch nie jemand vollgepumpt mit Drogen durchs Leben stolpern sah, zogen sich diese Seitenstiche fast durch mein ganzes Leben. Verbreitet wurde das meist von jenen Leuten, die ihr eigenes Leben nicht im Griff hatten und an irgendwelchen Stammtischen angesoffen über nicht Anwesende ein vernichtendes Urteil abgeben wollten.
1973 habe ich mein erstes Rockkonzert in der Wiener Stadthalle mit „The Who“ und „Golden Earring“ erlebt und mein Leben war nicht mehr so, wie es war.

Gitarren und Rotwild sollten mich mein ganzes Leben begleiten

Ich war fasziniert und völlig überwältigt von dieser Atmosphäre sowie diesem wuchtigen Sound. In den folgenden vierzig Jahren erlebte ich über hundert Konzerte von sämtlichen Weltklassemusikern der Rockszene, und es beschert mir immer noch Gänsehaut. Wir steigerten uns von der Kirchenband mit einigen Umbesetzungen zu einer Rockgruppe mit dem Namen „In Action", die Jugendliche aus der Mariazeller Umgebung in den Siebzigerjahren regelmäßig zu den Konzerten in den Pfarrsaal lockte. Ich war der Einzige, der vom Anfang bis zum Ende – und das waren immerhin fast zehn Jahre – in dieser Gruppe war. Es wurde immer schwieriger, Bandmitglieder zu finden, die denselben Idealismus, Musikgeschmack sowie Zeitaufwand aufbringen wollten. Aber immerhin hatten wir im Laufe der Zeit einen Band-Bus, eine stattliche Anlage und ein Haus in der Rotsohl gemietet, in dem wir probten. Nie hätte ich damals gedacht, dass ich mir fast 40 Jahre später in meinem Elternhaus im ehemaligen Kuh- sowie Pferdestall den Traum vom eigenen kleinen Studio erfülle und alleine in toller Qualität meine eigene Musik aufnehme. Hätte es damals schon solche Möglichkeiten gegeben, Musik auf diesem Level zu machen, wären wir sicher um einiges weitergekommen. Unsere Anwesenheit in der Rotsohl sorgte damals für große Aufregung bei der ortsansässigen Bevölkerung in diesem entlegenen Graben. Wir beobachteten einige Male, dass sich während der Probe Einheimische anschlichen, um uns durch die Fenster zu beobachten, was wir da so treiben. Dieses alte Haus stand als letztes in einem Seitengraben von der Rotsohl. An einem heißen Tag während einer Probepause kühlte sich unser aus Graz kommender Schlagzeuger etwa hundert Meter oberhalb des Hauses splitternackt im kalten Bach ab. Wahrscheinlich ist wieder irgendwo ein Späher gestanden und hat diesen „schrecklichen Vorfall" beobachtet. Daraufhin wurde in der Umgebung erzählt, diese Langhaarigen laufen im Drogenrausch nackt durch die Gegend, man sollte auf die Kinder achtgeben. Aber ich kann mich nicht erinnern, dass wir irgendetwas Schlimmes angestellt haben – wir waren eben junge, langhaarige, ausgeflippte Typen, die ihren friedlichen Traum vom Rock 'n' Roll leben wollten. Ein führender Forstbeamter machte damals meine Eltern darauf aufmerksam, dass wir in diesem Haus in der Rotsohl wilde Orgien feiern würden. Wenn ich bedenke, wie es damals noch in den Dorfgasthäusern unter den Betrunkenen zugegangen ist, waren wir völlig harmlos und friedlich – aber wir sahen eben anders aus. Für meine Eltern war das sicher nicht einfach, aber sie (vor allem meine Mutter) hatten recht bald durchschaut, dass hinter diesem böswilligen Gerede nicht allzu Schlimmes steckte. Ein paar Jahre später hat dieser fürsorgliche Forstbeamte schwer betrunken einen einheimischen Fußgänger überfahren und Fahrerflucht begangen. Aufgrund seiner etwas höheren Position versuchte er darauf zu bestehen, nicht belangt zu werden. Man sah ihn aber daraufhin gerechterweise trotzdem monatelang mit Chauffeur durch die Gegend fahren.

Die Zeit während der Hippiebewegung

Eine unvergleichlich aufregende Zeit

In diesen wilden Musikerjahren wurde ich zu meiner Überraschung sehr früh Vater einer Tochter. Aber ich hatte erst 27 Jahre später die Gelegenheit, meine überaus hübsche und mir sehr ähnliche Tochter Michi kennenzulernen. Eine unglaubliche Erfahrung, die ich in meinem Leben niemals missen möchte. Wir konnten die Zeit zwar nicht mehr zurückdrehen, aber wir hatten beide das Bedürfnis, uns viel Zeit zu nehmen, um uns wirklich kennenzulernen. So stehen wir uns heute sehr nahe und Michi ist ein sehr wichtiger, wertvoller Mensch in meinem Leben. Damals war ich für eine Familie noch viel zu jung und unreif und genoss es, ausschließlich mit meiner Band unterwegs zu sein.

Da wir nun unsere große, schwere Anlage mit dem Bus auch transportieren konnten, waren wir auch in der Lage, in weiterer Umgebung aufzutreten. Diese Besetzung, wie am Bild vor der Mariazeller Kirche, war die freundschaftlichste und aufregendste. Bruno Schweighofer war sehr lange mit dabei. Er war ein Naturtalent am Schlagzeug, aber vielleicht ein bisschen zu faul, um wirklich gut zu werden. Gotthard Rieger, der Ö3-Moderator, hatte Bruno nach einem Auftritt in Hollabrunn stark kritisiert und so hatte er danach merklich die Lust am Spielen verloren. Bruno hatte von Natur aus eine freie und friedliche Ausstrahlung und war von der „Flower-Power-Zeit“ sehr geprägt – ihn machte Alkohol niemals aggressiv. Wir hatten all die Jahre regelmäßig Kontakt, aber leider ist Bruno viel zu früh mit 55 Jahren verstorben. Ich hatte ihn noch eine Woche vor seinem Ableben in Waidhofen an der Ybbs besucht, und ich war unendlich traurig, Bruno in einem so schwer kranken Zustand zu sehen. Doch ich war auch sehr froh, noch einmal bei ihm gewesen zu sein und Abschied nehmen zu können. Unser Bassist Erich Kerschbaumer und ich haben kurzfristig wilde Zeiten durchlebt und machten besoffen und randalierend die Gegend unsicher. Heute sind wir beide nicht sehr stolz auf diese alkoholisierten Einlagen. Doch wir hatten das in jungen Zeiten unmittelbar nach der Schulzeit durchlebt, unsere Lehren daraus gezogen und diesen übermäßigen Alkoholgenuss später nie mehr vermisst. Auch mit Erich hatte ich all die Jahre regelmäßig Kontakt, und es ist mir immer wieder ein absolutes Vergnügen, mich mit ihm zu treffen und ausgiebig über Musik oder sonstige Ereignisse auf dieser Welt zu diskutieren, oder zusammen mit seiner Tochter, die eine hervorragende Stimme hat, Musik einzuspielen. Damals spielten wir auch auf kleineren Festivals mit mehreren Tausend Besuchern, wo auch durchaus bekannte Musiker auftraten wie Wolfgang Ambros, Bluespumpm, Sigi Maron, Mati Prem. Wir konnten damals auch eine Vorentscheidung vom Talentewettbewerb „Jung sein in Niederösterreich" gewinnen. Das war eine unvergessliche, aufregende Zeit, aber irgendwie ging dieser Lebensabschnitt dem Ende zu. Außerdem wurde es immer schwieriger, passende Musiker für eine ideale Besetzung zu finden, und so löste ich die Band 1978 auf. Ich wollte raus aus dem Mariazellerland und hoffte, in der Großstadt Wien mein Glück als Musiker zu finden. Als arbeitswilliger Steirer hatte ich schnell einen Job gefunden und auch mit Musikern gab es ganz gute Kontakte. Ich durfte sogar ein paar Mal mit dem unglaublich guten Gitarristen Harri Stojka in seinem Proberaum jammen. Aber im Innersten hatte ich mich in dem hintersten Graben der Steinschale nie so einsam gefühlt, auch wenn ich oft tagelang in dieser Einschicht keiner Menschenseele begegnete als in dieser tosenden Großstadt. Meine Sehnsucht nach den einsamen, ruhigen Wäldern der Steinschale wurde in mir immer größer und ich ertappte mich dabei, dass meine Gedanken ständig um meine Wurzeln kreisten. In dieser Zeit lernte ich auch meine erste Frau, eine Grazerin, kennen, die auch nicht besonders glücklich war in dieser Stadt, und so beschloss ich vorerst einmal, in mein Elternhaus nach Gollrad zurückzukehren.

Im Mariazeller Kirchhof 1976: von rechts: Erich, Bruno, und ich

1979: In diese waldreiche, menschenleere, naturbelassene Gegend zog es mich wieder zu meinen Wurzeln zurück

2013: Die Wiese in der Mitte, die Steinschale, dahinter Mariazell und links der Anstieg der Mariazeller Staritze, der sogenannte „Anlauf"

Die Steinschale, aufgenommen von der Kiahlahn, 1982

Die Steinschale, dahinter die Pfeiferalm, die Wetterin, die Hohe Veitsch;

im Tal die Straße nach Wegscheid, der Hollerer und Hauserbauerkogel

Wer hätte das jemals gedacht, dass in der Steinschale Wildschweine in diesem Ausmaß wüten und sogar in dieser Höhenlage überwintern?

Noch in den Sechzigerjahren wäre das ein unermesslicher Schaden gewesen; 4. Mai 2016

1985: An die zwei Meter Schnee, die nächste geräumte Straße war drei Kilometer entfernt, kein Telefon, kein Strom oder Fernseher. Nur Radio von der Autobatterie, die alle drei Wochen geladen wurde, und noch keine schulpflichtigen Kinder. Eine unvergesslich schöne Zeit!

Nicht nur meterhoher Schnee – auch die Wasserleitung wurde manchmal trocken. Schon in den Achtzigerjahren fiel mir auf, dass aufgetautes Schneewasser alle Farben spielt. Mein Haflinger hat tagelang verweigert, es zu trinken.

Die Wiederbelebung der „Steinschale“

Im Herbst 1979 hatte ich mich entschlossen, als Berufsjägerlehrling im Revier Staritze noch einmal ganz von vorne zu beginnen. Vater hatte mit Herrn Baron Mayr-Melnhof gesprochen und er hat mich ohne auch nur zu zögern aufgenommen, in der Absicht, dieses Revier auch nach der Pensionierung meines Vaters weiter zu führen. Obwohl zu dieser Zeit bei den Bundesforsten schon das radikale Reduzieren der Wildbestände begonnen hatte und mein Vater schon vor Jahren der Meinung war, dass die Zeit der Berufsjäger in unserer Gegend zu Ende geht. Aber ich war voller Zuversicht und bereit zu kämpfen. Von nun an hatte ich ein Dienstauto zur Verfügung und eine ständige Begleiterin, die zweijährige Brandlbracken-Hündin Cora, die ich von meinem Vater übernommen hatte. Endlich hatte ich das Gefühl, angekommen zu sein, und war mit Herz und Seele bei der Sache. In der Umgebung waren alle sehr verwundert, dass dieser langhaarige Hippie Berufsjäger wird, und man hörte immer wieder Äußerungen wie: „Wer ma sehn, wie laung a das des durchhoit.“ Ich musste mich für diese Entscheidung nicht einmal verbiegen, was ich übrigens in meinem ganzen Leben nie tat. Meine spätere Frau hatte in ihrer Heimatstadt Graz Arbeit gefunden und wir führten eine Wochenendbeziehung. Ich spielte immer mit dem Gedanken, die Steinschale, in der ich eine überaus glückliche Kindheit hatte, wieder bewohnbar zu machen und auch die Winter dort zu verbringen. Meine Eltern verbrachten 1977 den letzten Sommer in der Steinschale und der Hof war damals schon sehr renovierungsbedürftig. Die paar Jahre, in denen der Hof leer stand, hatten den Zustand noch wesentlich verschlechtert. Der Besitzer Graf Meran wollte dieses Haus nicht mehr herrichten und Herr Baron Mayr-Melnhof war auch nur bereit, das Nötigste zu inves-

tieren. Ich wollte aber unbedingt diese Idylle meiner Kindheit wiederherstellen und das alles irgendwie vor dem völligen Verfall retten. Als Erstes befreite ich den Hof von Brennnesseln sowie Stauden und mähte den Rasen regelmäßig, aber das Schlimmste war, es hatte schon überall reingeregnet. Beim Haus und der Holzhütte war es mit einigen Rollen Dachpappe abgetan, aber den Stall musste ich komplett abdichten. Alle diese Arbeiten erledigte ich völlig alleine: ich war unermüdlich, Leiter rauf und runter, Bahn für Bahn, wenn mir oben Werkzeug aus der Hand fiel, musste ich eben runter, um es wieder zu holen. Aber es hat mir unglaublichen Spaß gemacht. Der nächste Schritt war, im Haus Wohnräume bewohnbar zu machen. Ich wählte den trockenen Teil des Hauses, das Jungjägerzimmer von Sepp, daneben das Bad und ein großes Zimmer, in dem an der Decke schon deutliche Spuren von langjährigem Einregnen zu sehen waren. Als Schlafzimmer diente das alte Grafenzimmer mit einem durchgeheizten, schadhaften Kachelofen. Dieses Zimmer erreichte man über eine sehr steile Stiege und es war wohl das schönste vom ganzen Haus. Das WC war immer noch dasselbe wie zu meiner Zeit. Ein windiges Plumpsklo, bei dem im Winter oft der Deckel so angefroren war, dass man ihn nur schwer losreißen konnte. Sein Geschäft auf diesem Häusl zu erledigen war oft ein Wettlauf mit der Zeit und man bekam sehr schnell zu spüren, dass man hier nicht allzu lang verweilen sollte.
Ich versuchte, das alles mit einfachen und primitiven Mitteln herzurichten. Mit wirklichem Renovieren war das nicht zu vergleichen. Ich hatte sogar Möbel selber gemacht wie Sitzecke, Sessel, Tisch und Regale. Für meine Begriffe war das alles überaus gemütlich geworden – eben ein ganz einfacher Hüttenflair mit einem alten, gemauerten Küchenherd. Manchmal kam es schon vor, dass wir während eines winterlichen Warmwettereinbruchs im Schlafzimmer durch lautstarkes Wassertröpfeln geweckt wurden.

Neu beginnender Aufschwung in der Steinschale

Unterstützung beim Zäunen

Im Hof war immer was los

Markus vorm Haus

In der Früh war oft im Vorhaus alles zugeweht und man musste zuerst eine kleine Schneewechte überwinden, um in die Küche zu gelangen. Dass die Wasserleitung im Winter mehrmals eingefroren war oder überhaupt trocken wurde, kam natürlich auch noch dazu. Alle diese Dinge waren ja eigentlich für mich ein Rückschritt, denn ich hatte das moderne Leben doch schon einige Jahre hindurch genossen. Doch ich habe mich überaus wohlgefühlt in dieser Abgeschiedenheit, ohne jeglichen Komfort. Meine erste Frau, die zu dieser Zeit schon schwanger war, hatte sich als Städterin erstaunlicherweise sehr gut eingelebt und genoss auch diese Art vom Aussteiger-Leben. Als nächstes wurde der Stall hergerichtet. Ich baute Boxen für die Schafe, die Anzahl wuchs später auf etwa 30 Stück, eine weitere Box brauchten wir für eine Ziege und deren Kitze. Für eine größere Menge Hühner, Enten und Hasen, die meine Frau versorgte, brauchten wir auch noch Platz. Auch eine große Box musste gebaut werden, denn ich erfüllte mir endlich meinen Kindheitstraum: ein eigenes Pferd. Meine Mutter musste mir in meiner Kindheit immer wieder die Geschichten erzählen von ihren Erlebnissen als Kutscherin während des Krieges mit dem schwarzen Pinzgauerhengst am Neukoglerhof. Von da an hatte ich mir immer gewünscht: „Wenn ich groß bin, will ich unbedingt ein eigenes Pferd.“ Später kam auch noch ein weißes Pony für unsere Zweitgeborene Martina dazu, das ich ihr als Nikolaus überbrachte. Die aus Fichtenstangenholz gezimmerte Stalleinrichtung schuf eine überaus idyllische Atmosphäre in dem wiederbelebten alten Stall. Besonders im Winter, wenn wir mit den kleinen Kindern mit Laternen ausgerüstet durch den hohen Schnee zum Stall raufstapften und in den mit Petroleumlampen beleuchteten Stall kamen.

Winterliches Füttern vorm Stall: Markus und Martina

Markus, der Jungbauer, beim Zaunbauen

Am Kogel vorm Haus mit den Pferden, Schafen, Ziegen und mein Ziehkind: das Hirschkalb

Auch eine glückliche Kindheit in der Steinschale – Markus, der Großbauer!

Sofort streckten die Pferde, Schafe und Ziegen ihre Köpfe durch die Boxen, um von ihnen gefüttert zu werden. Von überall kamen die freilaufenden Hasen hervor und kreisten sie regelrecht ein. Die Kinder waren mit Begeisterung dabei, ohne einer Ablenkung durch Fernsehen oder sonstiger Technik. Ich habe es in vollen Zügen genossen, meinen Kindern wahrscheinlich noch mehr weiterzugeben, was mich in meiner Kindheit so sehr geprägt hat. Auch die Weihnachtszeit wollte ich meinen Kindern so rüberbringen, wie ich sie erlebt hatte. Den unvergesslichen Anblick, wenn der Nikolaus vom tief verschneiten Wald auf das Haus zukam, wollte ich ihnen unbedingt bieten. So stapfte ich einmal in Nikolaus-Kleidung einen extra großen Umweg, damit sie ihn schon von der Ferne kommen sehen. Zum Glück hatte mich schon beim Anmarsch ein plötzlich aufkommender Sturm zur Gänze demaskiert, so konnte ich unbemerkt umkehren, um mich wieder bischöflich zu machen, und die Kinder hatten nichts mitbekommen.

Oder diese Heilig-Abend-Stimmungen, wo alles zu glitzern schien, im entlegensten Graben, am Weg zur Fütterung, ohne einer Menschenseele zu begegnen. Dort empfangen zu werden von völlig vertrautem Rot- und Rehwild, das auf sein Futter wartet, all das meinen Kindern so zu vermitteln, wie ich es erlebt hatte, war für mich ein absolutes Bedürfnis. Ich hatte auch immer wieder mutterloses Wild großgezogen: unter anderem auch ein Reh, das ich vor dem Fuchs gerettet hatte und später wieder auswilderte. Das Reh hat sich nach fast einem Jahr Pflege ganz gut wieder in die freie Wildbahn eingelebt und kam im Winter regelmäßig zur Köpperl-Rehfütterung. Einige Male stapfte ich mit den kleinen Kindern durch den hohen Schnee zu dieser Rehfütterung. Das immer noch vertraute Reh hörte unsere Stimmen, kam sofort an, beschnupperte uns sichtlich erfreut von oben bis unten und verschwand nach einiger Zeit wieder im Wald zu seinen Artgenossen.

Nikolaus-Bescherung in der gemütlichen Stube

Martina beim Hühnerhüten

Gänse- und Ententreiber Markus

Martina schwer beschäftigt

Frei laufende Hasen überall am Hof

Anka und Markus beim Heimlichkeiten-Austauschen

Für mich war es immer wieder eine befriedigende Erfahrung, Wildtiere in Not zu retten, wieder auszuwildern und danach diese vertraut oder sogar mit Nachwuchs in freier Wildbahn anzutreffen. Den Sommer über war der Steinschalenhof wiederbelebt wie noch nie zuvor: Hühner, Enten, Puten, Gänse und viele der Hasen liefen frei herum. Für die Pferde baute ich zwischen Haus und Stall eine große Koppel aus Fichtenholz-Stangen, um ihnen genügend Weidefläche zu bieten. Für die Schafe- und Ziegen-Einzäunung trug ich mühsam nicht mehr gebrauchte Kulturzäune aus der Umgebung ab und baute sie auf den steilen Wiesen, die schwierig zu mähen waren, wieder auf, um auch diese Flächen zu beweiden. Es standen mir jetzt nicht nur die Wiese vom Jägerhaus zur Verfügung, sondern auch die vom Teubenbacherhaus. Das waren in etwa sechs Hektar und die Zeit war damals noch so unkompliziert, dass man auch diese Flächen der Bundeforste ohne irgendwelche schriftlichen Verträge bewirtschaften konnte, was in heutiger Zeit unvorstellbar wäre. Ich wollte unbedingt diesen für mich wunderschönen Platz vor dem Verwildern und Zuwachsen bewahren. Ich habe in all meinen Berufsjahren niemals an Geld gedacht, ob sich dieser Idealismus und hohe Zeitaufwand für mich rechnet oder nicht, war mir völlig egal. In den ersten drei Jahren war ich Lehrling und als Revierjäger hielt sich das Gehalt auch in Grenzen, aber ich hatte einen Dienstgeländewagen und bezahlte für das Wohnen nichts. Allerdings gab es in der Jagdzeit vom Jagdherrn und den Jagdgästen immer wieder gutes Trinkgeld. Hätte ich in meinen vielen Dienstjahren nach Stunden abgerechnet, wäre ich wohlhabend geworden. Trotzdem ging es uns ganz gut, wir hatten genug zu essen und konnten uns auch privat ein Auto leisten. Aber das Wertvollste für mich war, dass meine Frau bereit war, mit mir meinen Traum sowie dieses karge,

Abgeschiedene, bescheidene Leben zu teilen und vor allem, dass sie bei den Kindern zu Hause blieb, um einfach nur „Mutter" zu sein. Diese Geborgenheit aus meiner Kindheit, in der unsere Mutter für uns immer anwesend war, habe ich überaus beruhigend in meiner Erinnerung. Das konnte ich jetzt auch meinen Kindern bieten, was sicher nicht unwichtig ist für das spätere Leben. Das nur „Mutter-Sein" wurde leider in den letzten dreißig Jahren nicht gebührend gefördert und ging völlig unter. Um sich den immer höher steigenden Wohlstand überhaupt leisten zu können, müssen in heutiger Zeit beide verdienen.
Auch in der Hofbewirtschaftung hat sich zu dieser Zeit schon einiges verändert: in den Sechziger- bzw. Siebzigerjahren wurden noch viele Leute gebraucht, um das Heu zu ernten. In den Achtzigerjahren kaufte ich mir einen älteren gebrauchten Bergtraktor mit angebautem Doppelmesser-Mähbalken und Heuwender, mit den man auch Heu zusammenrechen konnte. So erledigte ich jetzt die gesamte Heuernte alleine und fuhr endlose Runden mit meinem kleinen Traktor. Nur zum Pressen vom getrockneten Heu brauchte ich eine zusätzliche Hilfe. Dieses alte Gerät kostete mich damals 15.000 Schilling. Nach fast 30 Jahren und gefühlvoller Behandlung verkaufte ich ihn wieder um 1.000 Euro. Mit dem Traktor bewirtschaftete ich im Jahr bis zu zwölf Hektar oft schwierige, unebene, Schneid raubende Wildwiesen. Zwei Drittel dieser Flächen konnte ich an die Jagdverwaltung verrechnen, um Ersatzteile, Reparatur- sowie Treibstoffkosten zu decken. So hatte mich der einfache, für heutige Begriffe primitive Traktor für meine kleine Landwirtschaft all die Jahre hindurch kaum etwas gekostet.

Auch die Liebe zum Almvieh konnte ich meinen Kindern weitergeben

Der kleine Bauer Markus mit den Schafen, der Ziege und einem geretteten Gamskitz

Frau Artmann, Vater und Herr Artmann

Die Familie Artmann

Durch die Wiederbelebung der Steinschale wurden viele aus der Umgebung aufmerksam und am Wochenende kamen ständig irgendwelche Leute vorbei, um unseren Tiergarten zu bewundern. Über die meisten Besucher haben wir uns wirklich gefreut, aber es schwindelten sich auch einige darunter, von denen ich genau wusste, dass sie über mich schlimme Geschichten aus vergangenen Jahren verbreitet hatten und sich neugierig sowie lauernd verhielten. Solche Menschen zogen sich durch mein ganzes Leben, und ich konnte nie wirklich nachvollziehen, wie es sich mit zwei unterschiedlichen Gesichtern so ungeniert leben lässt. Da hat es schon einige gegeben, die bei uns am Hof auftauchten und so was von nett zu mir waren, obwohl ich genau wusste, dass sie mich ganz übel durch den Dreck gezogen hatten und es wahrscheinlich noch immer taten. Solche Leute habe ich im reiferen Alter nicht mehr in meiner unmittelbaren Nähe akzeptiert. Das ist ein Vorteil des Älterwerdens, in solchen scheinheiligen Situationen klare Linien zu ziehen und das fällt mir heute nicht mal besonders schwer. Hocherfreut über die neue Bewirtschaftung und Wiederbelebung der Steinschale waren unsere Nachbarn, die Familie Artmann. Sie verbrachten sehr viel Zeit in ihrem ehemaligen Teubenbacherhaus und waren sehr traurig, als meine Eltern auch den Sommer über nicht mehr das Jägerhaus bewohnten. Herr

Artmann hat immer an mich geglaubt, egal wie ich aussah – auch in jener Zeit, als ich mich nicht so verhielt, wie man es von mir erwartet hatte.
Als ich noch in Gußwerk bei der Firma Maier lernte, hatte Herr Artmann, er war Prokurist in einer großen Firma in St. Pölten, immer wieder davon gesprochen, in Wegscheid eine Tankstelle mit einer kleinen Werkstatt errichten zu wollen, die ich übernehmen könnte. Es war aber relativ bald abzusehen, dass sich die Zeiten zunehmend ändern werden und eine Tankstelle in Wegscheid keine Zukunft hatte. Die Familie Artmann hatte das ziemlich heruntergekommene Haus in der Steinschale wunderschön renoviert und durch die liebevolle Pflege ihrer Wiesen ums Haus wesentlich dazu beigetragen, diesen Platz wieder neu aufleben zu lassen. Wir freuten uns jedes Mal, wenn sie Freitag nachmittags ankamen und das Haus bewohnt wurde. Meistens hat es auch nicht lange gedauert, bis mich Herr Artmann irgendwo bei der Arbeit aufstöberte, Süßigkeiten mitbrachte und fragte, ob er was helfen könne. Eine Nachbarschaft, wie man sie es sich nicht besser wünschen konnte. Auch die Enkelkinder haben sehr viel Zeit bei uns am Hof mit unseren Kindern und den Tieren verbracht. Die Steinschale hat ein aufflammendes Hoch erlebt, mit dem niemand mehr gerechnet hatte. Leider ist Herr Artmann viel zu früh 1987 verstorben, wir hatten ihn noch kurz vor seinem Tod in Wien im Krankenhaus besucht. Er fehlte uns sehr in der Steinschale und wir waren zutiefst betroffen. Einige Zeit vor seiner schweren Krankheit, als es schon deutlich voraussehbar war, dass das Revier Staritze wegen der radikalen Wildreduzierung in der Form eines Berufsjägers nicht mehr allzu lange weitergeführt werden wird, erzählte mir Herr Artmann, dass er sich für ein größeres Landstück von etwa tausend Hektar mit Wohnhaus und Wirtschaftsgebäude in Paraguay interessieren würde. Dabei würde er an mich denken als Bewirtschafter dieser großen Fläche. Ich fühlte mich sehr geehrt und ich hatte diesen verlockenden Vorschlag auch lange im Kopf. Nach seinem plötzlichen Tod hat Frau Artmann die gesamten Unterlagen dieses Vorhabens gefunden. Also war es ihm durchaus ernst gewesen, diesen Plan zu verwirklichen. Eine weitere, unglaublich berührende Überraschung, mit der ich niemals, auch nicht im entferntesten Sinne, gerechnet hätte, war für mich: Herr Artmann hatte mich in seinem Testament bedacht und mir 50.000 Schilling vererbt. Ich denke immer noch sehr oft an ihn. Als Sohn eines Berufsjägers sowie auch in meiner Berufsjägerzeit habe ich viele überaus nette, hochrangige Adelige oder sonstige Persönlichkeiten kennengelernt. Wenn ich aus diesen Menschen eine Wertschätzungsliste erstellen müsste, wäre Herr Artmann ganz oben zu finden.

Frau Artmann, ihre Tochter Ilse und mein Vater mit einem von ihm erlegten Gamsbock

Frisch verschneite Steinschale

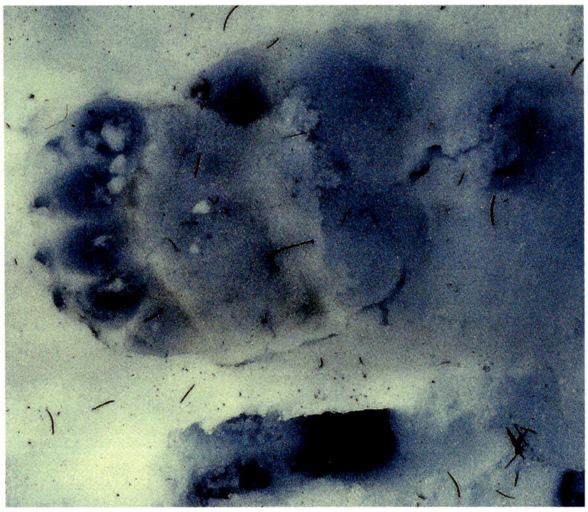

Die Bärenfährte und daneben eine Rehfährte

Der „Ötscherbär"

Da meine Frau schwanger war, hatten wir den Winter von 1982 auf 1983 in Gollrad bei meinen Eltern verbracht und sind mit unserem neugeborenen Sohn Markus, der am 12. März zur Welt kam, sobald die Schneeschmelze es uns ermöglichte, in die Steinschale übersiedelt. In der ersten Maiwoche gab es noch einmal einen kräftigen Wintereinbruch mit über zwanzig Zentimeter Neuschnee. Als ich frühmorgens aus dem Haus kam, bemerkte ich, dass wir während der Nacht überraschend Besuch gehabt hatten. Der erste Braunbär, der sich damals zwischen dem Ötscher- und Hochschwabgebiet angesiedelt hatte und in den herzöglichen Revieren um Weichselboden seinen Winterschlaf hielt, zog mehrere Runden im Neuschnee um unseren Hof. Die Vorstellung, dass uns ein Bär, während wir uns im Tiefschlaf befanden, mehrmals auf kurze Entfernung von nur wenigen Metern eingekreist hatte, faszinierte mich und ließ meine Gedanken einige Zeit nicht mehr los. Besonderes Interesse hatte der Bär natürlich am Stall. An der Lucke beim Misthaufen hielt er sich längere Zeit auf, da er wahrscheinlich aus dem Stall die verschiedensten Gerüche der vielen Tierarten gewittert hatte. Es wäre für ihn ganz leicht gewesen, das Misttürl aufzudrücken, aber er hielt der Versuchung stand und zog weiter. Die Neuschneeverhältnisse waren ideal und so pirschte ich ihm vorsichtig einige Kilometer hinterher in der Hoffnung, ihn irgendwo aufzuspüren. Leider vergeblich und ich musste noch einige Jahre warten, bis ich frei lebende Bären in unseren Wäldern zu Gesicht bekam. Diesen legendären Ötscherbären fährtete ich von nun an alle Jahre ziemlich genau um diese Zeit, wenn er auf seiner Tour über den Kastenriegel – Steinschale und Brunngraben war. Dieser Bär, der sich selbstständig das Gebiet um das Mariazellerland als Lebensraum ausgesucht hatte, war sehr scheu und wurde nur selten gesichtet. Natürlich waren die damals gut betreuten Rehfütterungen von Herzog Albrecht von Bayern mit ein Grund, dass er überhaupt hier in diesen Revieren um Weichselboden sesshaft wurde. Aber Probleme gab es erst ab den Neunzigerjahren, als der WWF ins Spiel kam und weitere Bären auswilderte, um eine unnatürliche Population von zu vielen Bären aufzubauen. Scheinbar hatten die Verantwortlichen dieses Projektes zu wenig Bären-Erfahrung und es ging völlig daneben. Hätte man gewartet, bis sich in diesen Wäldern selbstständig ein oder zwei Bären im Laufe der Jahre angesiedelt hätten, wäre es vielleicht anders gekommen. Da dieses riesige Gebiet doch relativ dicht besiedelt ist, wurden die ausgesetzten Bären logischerweise von einer Generation zur nächsten immer frecher und vertrauter. Überall gab es für sie leichten Zugang zu Nahrung, allerdings meistens nur in Verbindung mit menschlicher Witterung. Dadurch stellte der Mensch für die Bären keine Gefahr mehr dar, und sie verloren zusehends die Scheu vor der Zivilisation. Der Bärenbestand stieg bis Ende der Neunzigerjahre beachtlich an, da es durch diese zusätzliche, leicht erreichbare Ernährung beim Nachwuchs kaum Ausfälle gab. Drillinge waren keine Seltenheit und sie zeigten auch voller Übermut, dass es ihnen gut ging. Dadurch vermehrten sich auch die Schäden und es gab ständig irgendwo Beschwerden. Unter anderem hatte in Gschöder Mitte der Neunzigerjahre ein Bär die hintere Autoscheibe eines Geländewagens eingedrückt, um sich Wildfutter zu holen, und er ist auch regelmäßig auf die Pritschenladefläche von den Autos der Forstarbeiter gestiegen, um sich das Rapsölfass für die Kettensäge herunterzurollen. Dieses Öl haben die Bären besonders gemocht und sie haben sogar gelernt, bei den Motorsägen die Verschlüsse in die richtige Seite zu drehen, um an die honigähnliche Flüssigkeit zu kommen. Auch von einem Kellerfenstereinstieg, bei dem sich der Bär Äpfel geholt hatte, erzählte mir ein Betroffener. Dieser verdorbene Plünderer wurde danach vom WWF narkotisiert und besendert, um ihn besser überwachen zu können – kurze Zeit später war er verschwunden. Die Leute, die in diesen entlegenen Wäldern wohnten, fühlten sich bedroht, aber auch verarscht. Die Befürworter dieses Bärenschutz-Projekts leben weit abseits von diesen Problemen, aber klarkommen mussten damit die ansässigen Bewohner. Zu dieser Zeit saß ich einmal beim Abendansitz im Revierteil der Roß-Höll in einer kleinen Hütte im ersten Stock beim Dachfenster. Plötzlich tauchte noch bei Tageslicht ein jüngerer Bär auf und versuchte völlig vertraut, sich unmittelbar unter mir das Weideviehfutter aus der Hütte zu holen. Erst als ich auf ihn einzuschimpfen begann, zog er widerwillig ab. Damals gegen Ende der Neunzigerjahre hatte ich in der Bärenmast-Zeit fast täglich mit ihnen Kontakt und ihr Verhalten war nicht immer lustig, aber auch nie wirklich gefährlich. Bei den Rehfütterungen waren sie Dauergäste und bei meiner Steinhütte am Mitterboden stiegen sie auch regemäßig ein, um Weideviehfutter zu fressen. Einmal überraschte ich drei Jungbären in dieser Hütte, als sie sich über das Futter hermachten. Als die Bärin mich bemerkte, stürmte sie aufrecht aus den Latschen und gab mir deutlich zu verstehen, dass sie keinen Spaß versteht. Die dadurch entstandenen Verwüstungen waren manchmal unerträglich, aber beim Weidevieh selber war durch die Anwesenheit der Bären nichts zu bemerken. Aber es war schon etwas Besonderes, einem Bären in

Spielbälle am hellichten Tag für die Ötscher-Bären

freier Wildbahn bei uns zu begegnen und das manchmal wirklich aus kürzester Entfernung. Die Bären-Anwälte forderten damals schon, die Winterfütterungen der Rehe einzustellen, um den Bären nicht zu verführen, aber um ihn zu animieren, überhaupt zwischen Ötscher und Hochschwab sesshaft zu werden, waren die Fütterungen doch ganz brauchbar. Vermutlich wäre der erste Bär gar nicht hiergeblieben, ohne sich vor dem Winterschlaf bei den Rehfütterungen ordentlich Fett anzufressen. Heute werden hier großflächig keine Rehe mehr gefüttert und Bären gibt es auch keine mehr. Ich führte immer wieder Jagdgäste, die in Kanada mit Bären zu tun hatten, und genau diese Probleme mit ausgewilderten Bären sagten sie voraus. Bären, die in zu dicht besiedelten Wäldern leicht an Nahrungsquellen mit Menschenwitterung gelangen und vor allem nicht bejagt werden, sind verdorben und kaum mehr zu korrigieren. Vermutlich wurde dieses Bärenproblem irgendwie unbemerkt geregelt, denn sie sind zusehends um die Jahrhundertwende weniger geworden. Wenn der Bärenbestand bis jetzt so weitergestiegen wäre, wie er in den Neunzigerjahren begonnen hatte, kann der WWF sogar dankbar sein, dass dieses Problem irgendwie geregelt wurde.

Immer wieder liest man: Warum funktioniert das in Slowenien und nicht bei uns? In Slowenien gibt es einen Bärenbestand von etwa 500 Stück, was für dieses kleine Land enorm hoch ist. Etwa 70 Stück werden geschossen und so wächst eine Bärengeneration heran, die dem Menschen gegenüber sehr scheu ist. Nur so kann ein Zusammenleben auf engstem Raum mit Bären und Menschen funktionieren. Ob es sinnvoll ist, den Bestand so hochzuhalten, nur um Gewinn zu machen oder die Schussgier so mancher Jäger zu befriedigen, ist eine andere Frage. All diese Dinge hätte der WWF verhindern können, hätte er von Anfang an wirklich erfahrene Fachleute aus Ländern mit gesunden Bärenbeständen einbezogen. Ich erinnere mich, dass die Bären-Anwälte in der Zeit des Auswilderns kaum eine Ahnung über das Verhalten der Bären aufweisen konnten. So begriff ich recht schnell: Wenn sich ein Bär in meinem Revier aufhielt, musste ich es für mich behalten, ansonsten war nicht nur Meister Petz ein Unruhestifter, sondern auch sein Anwalt.
Ähnliches passiert auch in der heutigen Zeit mit Wolf, Biber und Fischotter. Sie erobern mit menschlicher Hilfe ihren neuen Lebensraum und dürfen nicht reguliert werden. Die Fischbestände der Salza und deren Nebenflüsse sind stark gefährdet durch das Wiedereinsetzen der Fischotter. Er wurde auch in den Sechzigerjahren immer wieder bestätigt, aber man hielt ihn eben kurz. Der Gollradbach sowie der Aschbach waren in meiner Schulzeit, obwohl alle Jungs fischten, voll mit Forellen und sind heute fast fischleer. Ich kenne den Klausgraben im Salzatal schon über vierzig Jahre. Einige Jahre hatte ich auch die Fischwasseraufsicht über den naturbelassenen Fluss mit enormem Fischreichtum, der gut betreut, aber auch wenig befischt wurde.

Dieser Fluss ist heute durch den Fischotter, Kormoran, Gänsesäger und Fischreiher sehr stark in Mitleidenschaft gezogen. Fischzuchtteiche können nur mit sicherem Fischotterzaun bestehen. Und wenn meist schon zu spät Fischotter, Wölfe, Biber oder neu angesiedelte Schadvögel, die sich durch diese günstigen Lebensverhältnisse rasch ausbreiten, zum Abschuss frei gegeben werden, gibt es einen unglaublichen Aufschrei durch die Medien. Ohne fachliches und korrektes Regulieren solch wieder angesiedelter Raubtierwildarten werden die Lebensräume unseres herkömmlichen Wildes nicht zu erhalten sein.

Meine gut gepflegte Haflingerstute

Mein erster „Haflinger“

1982 war es nun endlich so weit: ich wollte mir unbedingt meinen Kindheitstraum verwirklichen und so machte ich mich auf die Suche nach einer Haflingerstute, die ich zu mir nach Hause holen wollte. Damals gab es nur noch wenige Pferde im Mariazellerland. Die letzten Arbeitspferde waren seit einiger Zeit verschwunden, und das Freizeitpferd wurde erst wieder langsam modern. Nach längerer intensiver Suche erfuhr ich von einem Haflinger, der auf einem neu eröffneten Reiterhof in der Nähe von Mariazell verkauft werden sollte. Bei der ersten Besichtigung hatte ich das Gefühl, der Besitzer hatte vor seinen eigenen Pferden Angst, denn er verhielt sich sehr speziell und der Preis war auch um einiges zu hoch. Aber diese starke Stute namens „Setta“ hatte es mir angetan. So fuhr ich nochmals zu ihm und wollte, dass er das Pferd vor meinen Augen sattelt und auch bereitet. Ich hatte bisher keinerlei Erfahrung mit Pferden – diese kamen nur in meinen Träumen vor – und geritten bin ich nur in der Kindheit auf Rindern.

Am Hagboden: Setta, Cora und Anka

Daher wollte ich unbedingt wissen, wie sich der Haflinger beim Satteln, aber vor allem beim Reiten verhält, da ich es ja selber nicht konnte. Der Besitzer war äußerst unsicher und kaum in der Lage, Setta aus der Box zu führen. Nach dem umständlichen Satteln der von ihm beunruhigten Stute verweigerte er nach langem Hin und Her das Aufsteigen. Seine seltsame Begründung war, dass er heute einfach nicht in Form sei. Ich war ziemlich erstaunt und verunsichert. Daraufhin holte ich mir für die nächste Begutachtung einen alten Pferdekenner aus der Umgebung, der mir das Pferd vorführte. Er bestätigte mir meine Vermutung, dass Setta zwar ihre Macken hätte,

Es brauchte schon einige Zeit, bis sich das Wild daran gewöhnte

Beim Geweihsuchen

Beim Salztragen

aber mit der Zeit würde ich mit ihr sicher klarkommen. So wurden wir uns einig, ich brachte Setta nach Hause in ihre neue Box und wir gewöhnten uns auch recht schnell aneinander. Hinterher erfuhr ich, dass sie bei ihrem eigenartigen Vorbesitzer des Öfteren ihre Reiter abgeworfen hatte, und das war auch der Grund, warum er sie loswerden wollte. Es war gut, das nicht gewusst zu haben, womöglich wäre gerade deswegen dieser Kauf nicht zustande gekommen. Beim Aufsteigen gab es anfangs das Problem, dass sie einfach nicht stehen bleiben wollte, und wenn man zögerlich war, nutzte sie das schamlos aus, indem sie immer schneller wurde. Mit der Zeit wurde ich immer sicherer und Setta merkte recht bald, dass ich ohnehin aufsteige, ob sie nun stehen bleibt oder nicht. Von nun an war ich fast jeden Tag mit meinem Haflinger im Revier unterwegs. Ich war glücklich und fühlte mich unglaublich frei. Dieses freie Reiten im dreitausend Hektar großen Revier in Begleitung der Hunde – später auch noch mit einigen von mir aufgezogenen Rotwildkälbern - das möchte ich niemals in meinem Leben missen. Das Wild im Revier benötigte einige Zeit, bis es sich an das große Pferd gewöhnte, vor allem an das von Weitem hörbare Hufeisengeklapper. Das berittene Geweihsuchen stellte sich auch sehr bald als großer Vorteil heraus. Das Sitzen im Sattel ergab einen sehr guten Überblick, besonders Rehgeweihe habe ich viele gefunden. In späteren Jahren, als ich Labradorhunde hatte, musste ich nicht einmal absteigen, wenn ich Geweihe entdeckt hatte, denn sie trugen die Stangen mit Freude nach Hause. Das Salztragen war von nun an auch eine große Erleichterung, immerhin waren bis zu tausend Kilo Salz pro Jahr im gesamten Revier zu verteilen. Wir wuchsen richtig zusammen und wurden ein eingespieltes Team. An manchen Tagen sattelte ich Setta bei Tagesanbruch und kam erst abends wieder nach Hause.

Hubert Grünschachner, der Halter von der Staritzen, erzählte mir einmal, dass an einem verregneten Nebeltag völlig verwunderte Touristen in seine Hütte kamen und erzählten, sie hätten aus einem Nebelloch einen Reiter mit Hubertusmantel mit zwei Hunden auftauchen und genauso schnell wieder im Nebel verschwinden gesehen. Dieses mystische Bild brachten sie noch lange nicht aus ihren Gedanken und sprachen in der Hütte immer wieder davon. Viele der alten weitverzweigten Mulisteige, die Seine Exzellenz Graf von Meran in früherer Zeit als Pirschsteige benutzte, hatte ich mir wieder freigeschnitten, um von den harten Forststraßen wegzukommen. Setta hatte des Öfteren Schwierigkeiten mit den Beinen, was ich auf die zu harten Schotterstraßen zurückführte – aber auch auf den schlechten Hufbeschlag, wie sich herausstellte. Damals Hufschmiede zu finden war äußerst schwierig. Ich hatte mir nach mehreren Fehlversuchen einen Hufschmied aus Graßnitz geholt, der nicht mobil war. Dieser Schmied beschlug die Hufe zwar gut, aber sein Organ war enorm laut und für meine Setta furchteinflößend. Sie wurde schon unruhig und zappelig, wenn sie seine Stimme auch nur von der Ferne hörte. Dieser Schmied erzählte immer die krassesten Geschichten vom Beschlagen der Arbeitspferde aus alten Zeiten – da wurde nicht zimperlich umgegangen. Ich hatte immer zwei Tage lang Kreuzschmerzen vom Hufaufhalten, da Setta so angespannt und unruhig war. Das Hufausschneiden schaffte ich später völlig problemlos alleine. Setta hielt freiwillig ihre Hufe auf, zickig wurde sie nur, wenn sie laute Stimmen beim Ausschneiden hörte. Ich habe auch immer darauf geachtet, dass mein Haflinger nur von mir beritten wurde, ich glaube, sie hätte auch keinen anderen Reiter akzeptiert. Nach über zwanzig Jahren und im achtundzwanzigsten Lebensjahr hat sie eine schwere Kolik nicht überstanden und ist in ihrer Box verendet.

Oberhalb der Pfaffenmäuer

Kuhalm auf der Zeller Staritze: Setta und Cora

Fütterungsversorgung per Pferd

Setta, mein durchtrainierter, gut gepflegter Haflinger, und Anka auf der hinteren Zeller Staritze, dahinter der Hochschwab

Settas Nachfolgerin Lidy mit Amala und dem von mir aufgezogenen Hirschkalb in der hinteren Höll

Steinschale, 1986: Setta und Markus. Der Holzrücker-Wallach „Max" links aus Öberösterreich verbrachte nur die Wochenenden bei uns.

Die Wiederbelebung in der Steinschale

Veränderungen im Laufe der Jahrzehnte

Die Steinschale 1960 und 2015: 55 Jahre – wie schaut dieser Platz wohl in 100 Jahren aus?

Erster Anblick nach Öffnung des Tales 1958 und 2015, ein Zaun, den sich heute keiner mehr leisten würde

1957–2015: 58 Jahre sind durch das Land gezogen. Vieles ist anders geworden, Werte haben sich verschoben. Was in den Fünfzigerjahren noch lebenswichtig erschien, ist heute völlig wertlos. In hundert Jahren wird hier alles zugewachsen sein und man wird kaum noch etwas finden, das an diese wunderschöne, aber auch harte Zeit erinnert.

1960–2015: Die schlafenden Hunde vorm Haus, für mich einer der unvergesslichsten Plätze meiner Kindheit. In diesem Haus fand pulsierendes Leben statt. Viele der Nachkommen von Erzherzog Johann vom Brandhof gingen hier ein und aus. Jahrzehnte später habe ich unermüdlich gekämpft, um Haus und Hof aufrechtzuerhalten, doch der Verfall war nicht mehr zu verhindern.

Markus 1985 im wiederbelebten Hof

2014 vor dem endgültigen Verfall

1986

2015

1983

2019

Mutter mit Sommerfrischlern, 1955

2012

1976

2014

Mutter mit Michi und Besucher, 1963

2019

1962: Otmar, ich, Maria, meine Schwester Rosi und die Pinzgauer Kuh „Schweizer", die 17 Jahre alt geworden ist. Sie gab an die 16 Liter Milch pro Tag, was für damalige Verhältnisse recht gut war. 2015: Kaum zu glauben, dass das derselbe Platz ist.

1964: an der vorderen Eingangstür. Fritzi, meine Schwester Rosi, Ingrid, ich und unsere drei Hunde Asta, Cora und meine Hexi – 2014

Bei der Sommerfrischler-Verabschiedung 1967 - und fast 50 Jahre später 2014

Städtische Sommerfrischler-Abreise wie aus dem Bilderbuch. 1955–2014: Aufkommenden Fichtenanflug hatte ich schon 1982 geschnitten.

Die Egger-Keusche 1960–2016, nicht mehr zu erahnen, dass hier Leben war

Der langsame Einbruch

Sepp Schober im Hof der Steinschale, nach erfolgreicher Morgenpirsch, 1960

2016 im totalen Verfall

Mein erster handaufgezogener „Hirsch“

Hier war er noch einigermaßen umgänglich und friedlich

Ein überwinterter Gams wartet sehnsüchtig im Stall auf seine Freiheit

Anfang Mai 1986 hat sich ein weiterer Kindheitswunsch für mich erfüllt: Beim Salztragen verwiesen mir meine beiden Hunde ein Rottier, das beim Setzen eingegangen war. Das frisch geborene kleine Hirschkalb lag hilflos daneben, sofort ließ ich das Salz liegen und trug das Kalb zwei Stunden bis zu mir nach Hause. Die Ziege Heidi übernahm mit mir die Mutterrolle. Aber nach einem Jahr tauchten genau dieselben Probleme auf wie mit Michi, dem Spielkameraden aus meiner Kindheit. Um ihn besser unter Kontrolle zu halten, baute ich für ihn ein Gatter in der Größe von einem halben Hektar, genauso wie ich es mir als Kind versprochen hatte. Dazu holte ich für ihn ein 15-jähriges zahmes Rottier aus dem Mürztal, das schon mehrere Kälber hatte, doch leider war das schon viel zu spät. Das Tier hat von Anfang an gespürt, dass das nicht funktionieren wird. Die beiden mochten sich einfach nicht. Das Hirschkalb war schon zu sehr auf die Ziege und auf mich geprägt. Als das Tier brunftig wurde und er das nicht zu deuten wusste, ging er mit dem Geweih auf die Ziege los und schmiss sie daraufhin völlig außer sich durch den Zaun. Das nächste Problem war: Wenn seine Adoptivmutter, die Ziege, bockte, was alle drei Wochen der Fall war, durfte ich ihm nicht in die Nähe kommen. Ich glaube, er hätte mich ab dem zweiten Kopf ohne zu zögern abgestochen. Seine Mutterbeziehung war eben die Ziege und ich, dadurch war er auch geschlechtlich auf mich geprägt. In mir sah er den Rivalen, der ihm seine Ziege wegnehmen wollte. Eine von mir herbeigeführte Verhaltensstörung, die nie mehr zu korrigieren war. Durch diesen Zaun verlängerte ich ihm sein Leben immerhin um ein Jahr, erschießen musste ich ihn aber trotzdem. Er wurde zur unkontrollierbaren Gefahr für meine Familie und mich. Mein „Ziehkind“ zu töten hat mich damals sehr mitgenommen und lange beschäftigt, aber ich habe nicht aufgegeben und in späteren Jahren weitere vier Kälber großgezogen. Den Traum vom einem handaufgezogenen Hirschen, der auch fähig ist, in freier Wildbahn zu überleben, habe ich mir in späteren Jahren doch noch erfüllt.

Gerettete Gams mit den Schafen

Vater hat unzähliges Wild mit dem Bergstock über die Alm getragen

Irgendwelches Wild hatte ich fast immer in Pflege - meistens im Winter bei hoher Schneelage, aber auch in der Setzzeit gab es immer wieder welches zu retten. Dieses „Rettersymptom" zog sich durch mein ganzes Leben. Obwohl mir die langjährige Erfahrung zeigte, dass man so manches stark geschwächte Reh oder Gamswild im Winter einfach in Ruhe verenden lassen sollte, um ihm den Stress der Rettung zu ersparen, denn die meisten von ihnen überlebten es nicht.

„Fütterungs-Erfahrungen"

Besonders im Winter investierte ich sehr viel Zeit, um bei den Fütterungen dem frei lebenden Rotwild näher zu kommen. Ich wollte unbedingt in diese geheimnisvolle Welt eindringen und so nah wie nur möglich unter diesem edlen Wild sein. Das brauchte sehr viel Zeit und Geduld, aber ich war da unendlich ausdauernd.
Als ich 1979 das Revier übernahm, war das Rotwild bei den Fütterungen extrem scheu und kam nur bei Nacht zur Futteraufnahme. Vater hatte die schönste und wildreichste Zeit in diesem von ihm aufgebauten Revier erlebt und dann begann etwa Mitte der Siebzigerjahre der enorme Druck von den Bundesforsten, die Bestände radikal zu reduzieren und die Abschüsse ins Extreme zu treiben. Dazu kam noch, dass Vaters abgenützte Hüftgelenke durch die enorme Belastung von vierzig Dienstjahren immer schlimmer wurden. Man kann sich das heute nicht mehr vorstellen, ein viereinhalbtausend Hektar großes Revier großteils nur zu Fuß zu bewältigen. Er hat unzähliges Wild mit dem Bergstock auf der Schulter hängend über die Alm ins Tal getragen, Unmengen von Salz sowie Wildfutter verteilt und er war unermüdlich bei jeder Witterung von früh bis spät in diesem noch völlig unaufgeschlossenen Revier unterwegs. Gegen Ende seiner Dienstzeit musste er also nicht nur gegen die staatliche Wildfeindlichkeit kämpfen, sondern auch seine Gesundheit war stark angeschlagen. Dazu kam noch, dass der langjährige Oberförster Pickl, eine Persönlichkeit, wie sie im heutigen Staatsforstbereich

nicht mehr zu finden ist, pensioniert wurde. Der Nachfolger war mit dem korrekten Oberförster nicht ansatzweise zu vergleichen, denn er führte diese besessene Wildfeindlichkeit mit einer Schussgeilheit und Hinterhältigkeit zu ekelhaften Höhepunkten. Da die Abschüsse immer schwieriger zu erfüllen waren, schrieben die Bundesforste Treibjagden in den Fütterungseinständen vor. Meine erste Treibjagd erlebte ich 1981 bei der Hochwildfütterung in Waldsiedel Anfang Dezember bei fast einem Meter Schnee. Ich hatte die Fütterung als Lehrling schon im zweiten Jahr betreut und das Wild kam durch den enormen Jagddruck erst Stunden nach Einbruch der Dunkelheit zur Fütterung. Der Winter begann früh und es waren noch sechs Stück Rotwild zu erlegen. Zwölf Schützen bezogen ihre Stände und einige Treiber kämpften sich durch den Schnee, um den Fütterungseinstand durchzutreiben. Ich hatte mich als Lehrling überaus bemüht, das Wild ausreichend zu füttern und es durch schonende Bejagung auch bei Tageslicht an die Fütterung zu bringen, um dadurch logischerweise Schäden zu verhindern. Ich hatte das ja auch in der Berufsjägerschule so gelernt. Darum war es für mich nicht verständlich, dass diese erfahrenen Jäger und Förster bereit waren, auf tierquälerische Weise ihre Jagdlust auszuleben und noch dazu bewusst Wildschäden zu provozieren. Während dieser Treibjagd fielen 18 Schüsse und ich hatte Angst, dass mehr erlegt werden würde, als noch ausständig war. Ich hatte das Gefühl, ich befinde mich im Mittelpunkt eines Krieges gegen das Rotwild, das im hohen Schnee eingeschlossen war. Plötzlich war ein Hund, den man zum Treiben freigelassen hatte, unmittelbar neben mir in einer Dickung und gab Standlaut. Als ich mich anpirschte, sah ich, dass dieser Hund ein starkes Tier gestellt hatte, aber ich konnte auch mit dem Feldstecher auf kurze Distanz zuerst keine Verletzung erkennen. Daher schoss ich auch nicht, da ohnehin schon so viele Schüsse fielen. Erst als ich dem Tier zu nahe kam, flüchtete es und ich hatte im Schnee Schweiß gefunden. Kurz danach erlöste ich das vom zuständigen Forstmeister angeschossene Tier. Er hat mein Handeln natürlich genau beobachtet und versuchte mir danach eine ausgiebige Rüge zu erteilen, da ich mir erlaubt hatte, das Tier nicht sofort zu erschießen. Zum Glück war er nicht mein Vorgesetzter und seine Aussagen gingen mir am Arsch vorbei. Nach dieser Treibjagd wurde im naheliegenden Gasthaus ausgiebig zusammengesessen und einiges getrunken. Es war schon spät und ich musste noch die Fütterung im Rammertal beschicken. Bei der Verabschiedung drängte mich ein alter Oberförster, der schon etwas angeheitert war, zur Seite und ermahnte mich: „Pass auf, Bua, wenn mir nochn Jagan zaumsitzn und feiern, daunn kauns scho sei, dass ma net zur Futtarung kemman. De Viecha wern des überlebn." Eine klare, aber auch eine sehr traurige Ansage. Für mich kam es diesmal, aber auch in der Zukunft, niemals vor, nach der Jagd oder nach einem guten Hirschabschuss im Gasthaus unter derartigem Alkoholeinfluss zu feiern, was wahrscheinlich auch ein Grund war, dass ich immer der Jäger-Außenseiter war, dem kuriose Geschichten angedichtet wurden. Auch zu Vaters Zeiten hat es solche feuchtfröhlichen Feiern nach der Jagd nur sehr selten gegeben. Der Rotwildabschuss für dieses Jahr in Waldsiedel war zwar erfüllt, aber es dauerte fast eine Woche, bis sich das Wild überhaupt wieder zur Fütterung traute. Einige Monate zuvor wurde in diesem Wintereinstand ein überaus dichter sechs bis sieben Meter hoher Monokultur-Fichtenbestand „geläutert" (das

heißt, die Zukunftsstämme freigeschnitten), um den verbleibenden Bäumen reichlich Platz zu schaffen. Dadurch wurden jetzt diese Fichten für das Wild gut zugänglich und die astfreien Stämme boten sich richtiggehend zum Schälen an. Natürlich hat das Rotwild aus Hunger, aber vor allem aus Angst durch diese Treibjagd, die Fütterung aufzusuchen, alle diese freigestellten Bäume restlos geschält. Dadurch gab es für diese wildhassenden Herren einen weiteren Grund, den Abschuss wegen unverantwortlicher, sogenannter „Waldverwüstung", die nur der Mensch verursacht hatte, in die Höhe zu treiben. Eine weitere Begebenheit solcher unsinnigen Jagdpraktiken hat mich sehr nachdenklich gestimmt: Es war wiederum ein strenger, schneereicher Dezember und auch noch in meiner Lehrzeit. Da der Abschuss im Revier Steinschale bis auf wenige Stücke noch nicht erfüllt war, machten die Bundesforste enormen Druck, das umgehend zu erledigen. Daraufhin wurde etwa hundert Meter von der Fütterung entfernt an einem Wechsel, der zur Fütterung führt, zu dritt angesessen.
Als das übervorsichtige Rotwild zögernd zum Vorschein kam, war es schon so finster, dass man nur mehr die Umrisse der einzelnen Stücke erahnen konnte. Der Schütze gab fünf Schüsse ab und brachte nur ein Kalb zur Strecke. Ob weitere Stücke getroffen worden waren, konnte ich bei der Dunkelheit nicht ausnehmen. Das Rotwild flüchtete panisch in den Einstand zurück und traute sich über eine Woche nicht zur Fütterung und später auch nur Stunden nach Einbruch der Dunkelheit. Im Frühjahr wurden daraufhin in diesem Einstand etwa 2.000 geschälte Fichtenstämme gezählt und somit bestätigt, dass diese Schäden nicht tragbar sind. Ich hatte den berechtigten Verdacht, dass dieses Handeln reine Absicht war – diese Forstleute konnten doch nicht so dumm sein, wo doch für jeden Laien leicht zu verstehen ist, dass hungerndes Wild, das sich nicht zur Fütterung traut, Schäden am Wald verursacht. In dieser Zeit entwickelten viele Forstleute einen unglaublichen Hass auf das Wild. Ein Holzknecht erzählte mir damals, er habe ein frisch gesetztes Hirschkalb gefunden und es dem Forstmeister erzählt, der erwiderte, ihm wäre es lieber gewesen, wenn er es sofort erschlagen hätte.
Oder: In einem riesigen Kulturschutzzaun hatte sich eine Rehgeiß eingesperrt und das fiel erst auf, als sie hoch beschlagen wieder hinauswollte und unermüdlich am Zaun entlanglief. Als das Forstpersonal die kugelrunde Geiß entdeckte, kamen sie zu mir und meinten, ich solle sofort diese hoch trächtige Geiß erschießen. Auf meine Antwort, dass ich unter keinen Umständen eine trächtige Geiß erschießen würde, meinte er völlig erstaunt: „Die Kitze sind doch eh hin, wenn du die Geiß erschießt." Zum Glück war ich nie bei den Bundesforsten angestellt, sondern beim Jagdherrn.
Ich habe in meiner Lehrzeit noch einige solche Ansagen und unsinnige Treibjagden erlebt und war des Öfteren wirklich fassungslos – aber ich habe aus diesen Erfahrungen Schlüsse gezogen, und als ich das Revier übernahm, gab es nie wieder eine Treibjagd.
Mein Jagdherr Baron Mayr-Melnhof stand voll hinter mir. Durch den enormen Jagddruck wurde das verbliebene Wild immer scheuer und die Schäden immer mehr. Solche geschälten Bestände sind natürlich unverantwortlich, aber verursacht hat sie nur der Mensch. Kein Wildtier zerstört grundlos seinen eigenen Lebensraum. Viele Jahre später sollte ich für mich noch die Erfahrung machen, dass trotz gutem Wildbestand durch eine gefühlvolle Bejagung und

ausreichender Futtervorlage das Schälen fast gänzlich zu verhindern ist. Der denkende Mensch müsste doch heutzutage in der Lage sein, durch jahrzehntelange Wildbewirtschaftungserfahrung Wald und Wild in Einklang zu bringen. In den Fünfzigerjahren war das Laubholz das Unkraut unserer Wälder und überhaupt nicht erwünscht. Es wurde großflächig vergiftet, geringelt, denn nur schnell wachsendes Fichtenholz war gefragt. Ab den Siebzigerjahren legte man wieder Wert auf die Mischkulturen und es wurden Unsummen an Geldern in riesige Kulturzäune gesteckt, um zu beweisen, dass das Wild in unseren Wäldern nicht mehr tragbar ist. Nach dreißig Jahren wurden alle diese Zäune wieder abgetragen und heute erkennt man keinen Unterschied mehr, welche Bestände in oder außerhalb dieser Zäune waren. Heute wäre es wieder angebracht, dass das Wild wucherndes Laubholz kurzhält, um ein völliges Zuwachsen zu verhindern.
Das gesamte Weidevieh wurde Ende der Sechzigerjahre in den Tälern nicht nur wegen des Verbisses, sondern auch wegen der Bodenverdichtung verbannt. Ein Forstmeister erklärte mir damals, dass im Bereich der Wiesenzäune, an denen sich das Weidevieh regelmäßig bewegt, der Boden so verdichtet wird, dass sehr lange keine Fichten mehr wachsen würden. Wenn ich heute diese Stellen anschaue, sind gerade diese besonders stark mit natürlichem Fichtenanflug bewachsen. Außerdem weiß ich noch einige Revierteile um die Staritze, an denen vor etwa 40 Jahren bei noch einem beachtlichen Wildbestand die Buche flächendeckend anfing, die Staritze hinauf-

Langsame Annäherung an der Fütterung

Anfangs war das Kahlwild bei der Fütterung in der Überzahl

Abendliche Stimmung bei der Rammertalfütterung

Der grimmige Chef

Futterplatz Rammertal

Vertrautes Kahlwild im Frühling

zu wachsen. Zwei Drittel sind bald geschafft und in weiteren 40 Jahren wird sie ganz oben sein – ohne dass jemals Laubholz gesetzt wurde. Auch um den angeblich gefährdeten Schutzwald zu retten, wurden unzählige Straßen gebaut, angeblich um „zu sanieren und wieder aufzuforsten". Das Endresultat war: Der Wald wurde geöffnet und die immer stärker werdenden Stürme hatten mit den frei gestellten Bäumen leichtes Spiel. Der Schutzwald würde sich auch ohne menschliche Hilfe von selber sanieren, es braucht eben seine Zeit.

Unter all diesen Umständen litt mein Vater in den letzten Jahren vor seiner Pensionierung sehr und der neue Förster machte ihm die Zeit noch zusätzlich zur Hölle. Eigentlich hatte ich nie von irgendwem etwas Gutes über diesen Förster gehört, und als er mir viele Jahre später, als Vater verstarb, tief mitleidend sein Beileid aussprechen wollte, habe ich ihm das mit nicht sehr netten Worten verweigert.

Als ich dann Anfang 1982 das gesamte Revier übernahm, machte ich es mir zur Aufgabe, den gesamten Wintereinstand und Fütterungsbereich ohne Ausnahme zu schonen. Den immer höher werdenden Abschuss erfüllte ich unter enormem Zeitaufwand und meiner unglaublichen jugendlichen Energie außerhalb dieser Bereiche. Trotz der Ruhemaßnahmen dauerte es sehr lange, bis das Rotwild wieder bei Tageslicht die Futterstellen aufsuchte. Das zum Schälen erzogene Wild braucht Jahre und viel Feingefühl seiner Betreuer, um diese Unart wieder seinzulassen. In der ersten Zeit ließ ich regelmäßig Kleidungsstücke von mir bei der Futterstelle, um das Wild an meinen Geruch zu gewöhnen. Ich hatte mir in der Futterhütte eine gemütliche Sitzecke mit genügend Lesematerial gebaut und so wartete ich jeden Tag geduldig auf das Wild, bis es mich endlich akzeptierte und langsam Vertrauen zu mir fasste. Dass dieses In-Ruhe-Arbeiten überhaupt möglich war, verdanke ich dem glücklichen Umstand, dass dieser krankhaft wildfeindliche Förster in ein anderes Revier versetzt wurde und sein Nachfolger ein wirklich sehr netter war. Der jagdliche Druck und die Tendenz zur Reduzierung der Wildbestände blieb zwar aufrecht, aber Förster Fuchs war ehrlich und überaus korrekt. Das machte es für mich wesentlich menschlicher und erträglicher. Zusammen verbrachten wir, jeder in seinem Bereich, fast 10 Jahre im Revier Staritze und hatten immer ein gutes freundschaftliches Verhältnis zueinander. Leider war bei der Rammertalfütterung der Hirschanteil anfangs sehr gering und die wenigen heranwachsenden Hirsche wechselten durch die vorhergehende jagdliche Beunruhigung in ein kleines Privatrevier zu einer für Rotwild nicht genehmigten Rehfütterung. So musste ich mit dem Hirschaufbau ganz von vorne beginnen. Der einzige Hirsch, der älter als sechs Jahre war, war ein nicht sehr gut veranlagter, aber uriger Achter, den ich „Chef" nannte, da er überaus aggressiv war und das gesamte Rudel auf eine äußerst brutale Art beherrschte. Chef mit seinem grimmigen, bösen Blick kam regelmäßig alleine mit dem Kahlwild, da sich die jungen heranwachsenden Hirsche nicht in seine Nähe wagten. Aber er war mein erster Hirsch, den ich heranwachsen sah, und so gab ich ihm eine Chance. Sobald er aber durch das Ablegen entmachtet war, war er sofort spurlos verschwunden, denn alle seine jungen Untertanen waren wie besessen hinter ihm her, um ihm seine Bösartigkeiten schonungslos zurückzuzahlen. Erst zur Brunft tauchte er wieder auf und ich konnte ihn durch seine markante tiefe, aggressive Stimme von allen anderen deutlich unterscheiden. Meine Bejagungsmethode hatte sich bewährt: Der gesamte Bestand wurde von Jahr zu Jahr vertrauter und auch ganz passable Hirsche wuchsen heran. Ich war glücklich, im Winter mitten unter meinem Wild zu sein. Davon konnte ich einfach nicht genug kriegen. Nie kam ich auch nur annähernd in Versuchung, aus einem nichtigen Grund, zum Beispiel feiernd in alkoholisiertem Zustand am Stammtisch sitzend, mein Wild in der Notzeit hungern zu lassen. Nicht einmal extreme Witterungsverhältnisse konnten mich davon abhalten, obwohl der Schnee in manchen Wintern so hoch war, dass der Tag zu kurz wurde, um alles zu erledigen. Einmal musste ich sogar in der Futterhütte übernachten um mir den völlig zugeschneiten Heimweg zu ersparen. In der zehnjährigen Betreuung der Rammertalfütterung hatte ich nur drei Tage eine Aushilfe, da ich mit Magenproblemen in ein Spital musste.

Um zu Rotwild in freier Wildbahn eine derartig nahe Beziehung aufzubauen, war für mich auch der Hauptgrund, diesen Beruf zu erlernen. Die Bejagung war für mich immer eine absolute Notwendigkeit und es kostete mich alle Jahre immer wieder Überwindung, mit dem Hegeabschuss zu beginnen. Dadurch bekam ich aber noch tiefere Einblicke in ihre Verhaltensweise und das erleichterte mir auch die Bejagung wesentlich. Jagdliches Hochgefühl kam in mir nur auf, wenn ich durch Abschüsse keine merkliche Beunruhigung feststellte, was mit Erfahrung durchaus möglich ist. Leider musste ich immer wieder feststellen, dass schon die herkömmliche traditionelle Bejagung, aber vor allem, was aus der in Mode gekommenen Jagd in heutiger Zeit geworden ist, nicht wirklich die humanste für das Wild ist und natürlich absolut nichts zur Schadensverhütung beiträgt. Jedoch bin ich nach wie vor der Meinung, dass richtig betriebene Jagd durch Berufspersonal in den Kerngebieten von Rot- sowie Gamswild immer noch der beste Naturschutz überhaupt ist.

Die „Staritze“

Aus meiner heutigen Sicht wäre Anfang der Achtzigerjahre der Wildbestand auf der Staritze ideal gewesen, um diesen langfristig unter Berufsjägeraufsicht und in großflächiger Verpachtung zu erhalten. Der gesamte Bestand war schon um ein Vielfaches geringer als in den Sechziger- bzw. Siebzigerjahren und wäre durchaus auch aus forstlicher Sicht für die darunterliegenden Wirtschaftswälder vertretbar gewesen. Auf dieser naturbelassenen, an die 1.500 Hektar großen Hochfläche hatte es nie Wildschäden gegeben und trotzdem ist das Revier in heutiger Zeit fast leer geschossen. Es schockiert mich immer wieder, wenn ich jetzt, 40 Jahre später, über die Staritze gehe und vor Augen habe, dass der Mensch aus purer Schuss- und Geldgier diese natürlichen Lebensräume mutwillig zerstört hat. Durch die Jagd auf Begegnung, das heißt schießen, was man sieht, wird die herkömmliche Jagd unglaubwürdig und infrage gestellt. Ich hätte mir auch niemals gedacht, dass sich in den Revieren um den Brandhof, wo der Jagdschutzverein eigentlich geboren wurde, Jäger freiwillig bereit erklären, Hirsche in der Notzeit zu schießen, da man das Rotwild in den ehemaligen Erzherog-Johann-Revieren nicht mehr dulden will. Zum Glück hatte ich mich in meiner Jungjägerzeit geweigert, dem Jagdschutzverein beizutreten, da ich schon damals das Gefühl hatte, dass dieser Verein zu wenig dazu beiträgt, seinem Namen auch gerecht zu werden. Für irgendwelche Feiern und Ehrungen war mir die Zeit einfach zu schade. Mir waren aber auch einige Berufsjäger bekannt, die damals schon ähnlich dachten und aus diesem Verein austraten. In den folgenden Jahren konnte ich immer wieder beobachten, dass genau diese jagdlich gekleideten Jäger, die den Jagdschutzverein unterstützten, zwar wegen der hohen Abschusspläne protestierten, aber trotzdem freiwillig viel Geld für Pacht sowie Abschüsse bezahlten, um das Wild immer mehr zu reduzieren. Es ist sehr traurig, dass man in dieser wunderschönen Landschaft kaum noch Fährten vorfindet und bei Tageslicht keinem Wild mehr begegnet. In mir lösten diese Tatsachen im Laufe der Zeit eine tiefe Abneigung aus. Nach der Auflassung meiner ehemaligen Reviere legte ich nicht nur meine Waffe, sondern auch meinen Jägerhut samt Lederhose für immer ab, um nicht so auszusehen wie die sogenannten Jagdschützer, die dieses Naturjuwel im Mariazellerland zerstörten. Einiges an Geld könnte sich der Staat ersparen, wenn er solch große zusammenhängende Reviere nicht unter Naturschutz, sondern langfristig an glaubwürdige, kompetente Großpächter mit Berufsjägerpflicht verpachten würde. Diese Jagdherren würden auf eigene Kosten die unter Aufsicht gestellten Wildbestände erhalten und so würde langfristig dieses Kulturgut bestehen bleiben. Im Mariazellerland hat man leider alle Großpächter im Laufe der Jahre anscheinend bewusst vergrämt: So wie Herzog Albrecht von Bayern, Baron Mayr-Melnhof, Baron August von Finck und Baron Horton.

Diese Großjagdpächter kamen nicht nur unseren Wildbeständen zugute, sondern auch der gesamten ländlichen Bevölkerung. Auf mich machte es damals den Eindruck, als könnte es den Bundesforsten nicht schnell genug gehen, alle diese adeligen Großjagdpächter samt Berufsjägerpersonal so rasch als möglich loszuwerden, um diese herrlichen Großreviere in kleine aufzuteilen und dadurch die Wildbestände radikal zu reduzieren. Durch diese Aufteilung der Reviere wurden für eine große Anzahl neuzeitlicher Jäger Reviere zugänglich und vor allem auch erschwinglich. Leider wurde dadurch eine erschreckende Bezugslosigkeit gegenüber der Wildhege spürbar, so ging es mit den Wildbeständen rapide bergab. Durch dieses staatliche Angebot, wahllos alles abzuschießen, wuchs eine Jägergeneration heran, die mit der herkömmlichen Jagd und der alten Jägergeneration überhaupt nicht zu vergleichen ist. Erstaunlicherweise hat es lange gedauert, aber jetzt scheint die fast leer geschossene Staritze unter den Jagdpächtern oder Abschussnehmern nicht mehr sonderlich begehrt zu sein. Denn es ist kaum mehr jemand dazu bereit, für viel Geld fast nichts zu bekommen. Meistens wird dieses Hochplateau jetzt in Eigenregie von jungem schießbegeistertem Forstpersonal bejagt. Einige Male habe ich schon kleine Gruppen ausgerüstet mit Plastikgewehren und Schalldämpfer beobachtet, die mit Begeisterung Gamskitze bejagen. Wer sich die Mühe macht und die alljährliche Trophäenschau in Gußwerk genau unter die Lupe nimmt, wird Bestätigung finden, dass in diesen Staatsrevieren Totalabschuss herrscht.

Aus vergangenen Tagen auf der hinteren Staritze

Der „Max“ von der Höll, 10-Kopf

Der „Raufer“ aus dem Rammertal, 7-Kopf

Schnappschuss eines Fremden am Rotriegel

Die „Hirschbrunft“

Die Hirschbrunft auf diesen weitläufigen mit urigen alten Fichten bewachsenen Almböden war für mich immer etwas ganz Besonderes und Aufregendes. Da gab es Ansitzplätze mit enormem Überblick. Zum Beispiel am Hochsitz oberhalb vom Jagdhaus hatte man Übersicht auf fast die gesamte vordere Alm. Während der Hochbrunft und bei passendem Wetter gab es abends und morgens kaum eine akustische Unterbrechung vom Geröhre der Hirsche. Mein Vater erzählte mir, dass hier bis Mitte der Siebzigerjahre noch etwa dreißig Hirsche gemeldet hatten, und wenn das Weidevieh noch nicht abgetrieben war, röhrten die Hirsche mitten unter den Rindern. Oder auf der hinteren Staritze am Karlkögerl mit Blick über das riesige Auertal, und nicht zu vergessen: die Ansitzkanzel vor dem Gschödringgraben, das sind unvergessliche Erinnerungen. Als ich das Revier in den Achtzigerjahren übernommen hatte, zogen im Auertal, Rotriegel immerhin noch bei Tageslicht zwischen zwölf und vierzehn starke Hirsche auf. Im Gschödringgraben konnte man sogar noch tagsüber acht bis zehn Brunfthirsche beobachten. Dieses Naturschauspiel auf diesem Hochplateau hat mich so sehr fasziniert, dass ich viele Nächte im Schlafsack in den Latschenfeldern unweit der Brunftplätze auf dieser Alm verbrachte. Die Erinnerung an so manche Vollmondnächte, das hell erleuchtete Hochschwabmassiv im Hintergrund und einem Konzert von fast zwei Dutzend Hirschen zu lauschen lässt mir heute noch den Schauer über den Rücken laufen. Um diesem Brunftgeschehen so nah als möglich zu sein, baute ich mir 1985 auf der Hinteren Staritze am Hocheibel ohne fremde Hilfe eine kleine Hütte in ein Latschenfeld und befestigte sie an zwei mittelstarken Lärchen. Mit meinem Dienstwagen, einem VW Iltis, fuhr ich das gesamte Material über die sehr steile und berüchtigte Straße vom Ochsenbüchl. Von da an ging es nur mehr im Schritttempo weiter bis zum Gipfelkreuz, dem „Zinken“, und von dort musste ich das gesamte Material noch etwa 300 Meter bis zur Baustelle schleppen.

In der fertigen kleinen Hütte gab es nur Platz für eine Matratze, eine Sitzbank und in allen Richtungen Fenster für einen Rundblick, um nichts zu verpassen. Es gab auch eine Petroleumlampe, genug Lesematerial für lange Nächte und natürlich einen Gaskocher, um Kaffee zu brauen. Diese kleine Baumhütte hatte ich an zwei nicht allzu dicke Lärchen genagelt und sie war mit einer etwa zwei Meter hohen Leiter angenehm zu erreichen. In der ersten Nacht, die ich dort verbrachte, zog etwa gegen 1 Uhr nachts ein fürchterliches Gewitter auf – eines der schlimmsten, die ich je am Berg erlebt hatte. Ein gewaltiger Sturm fegte durch die Latschen und schüttelte die Lärchen, sodass ich ernsthaft fürchtete, er weht mich samt der Hütte den Berg hinunter. So entschloss ich mich schnellstens, völlig nackt, um danach trockene Kleider zu haben, auf das Dach zu steigen und mit einer Handsäge die Lärchenwipfel abzuschneiden. Durch die andauernd aufleuchtenden Blitze war mein nächtlicher Arbeitsplatz hell beleuchtet und die Arbeit war rasch beendet. Danach war es in der Hütte wesentlich ruhiger und ich habe noch angenehme Nächte auf diesem Beobachtungsplatz erlebt. Damals ahnte ich noch nicht, dass ich mir zehn Jahre später einen Brunftplatz um mein Haus schaffen würde und ich jeden Abend in unmittelbarer Nähe unter lautem Hirschgeröhre, das durch den riesigen Kessel in der vorderen Höll von den Felswänden gewaltig widerhallte, einschlafen würde.

In meiner gesamten Berufsjägerzeit habe ich alle Jahre hindurch sämtliche Abwurfstangen meiner eigenen Futterhirsche und einen Großteil der Stangen von den umliegenden Fütterungen fotografiert. Dadurch waren die Hirsche der Nachbarn ständig in meinem Gedächtnis, denn Fehlabschüsse wollte ich unbedingt vermeiden. In diesem Stangenalbum befanden sich an die hun-

Meine kleine Hütte im Mittereibl und ihre Aussicht

Mein einziger wirklich falscher Hirschabschuss war diesem Zehnjährigen sehr ähnlich

dert Hirsche, die alle infrage kamen, auf die 1.500 ha großen Hochflächen der Staritze aufzuziehen. Diese Abwurfstangen zuzuordnen und vor allem drei wirklich passende auszusuchen und zum Abschuss zu bringen, war natürlich für mich eine hochinteressante Herausforderung.
In meiner Berufsjägerlaufbahn habe ich nur einen wirklich falschen Hirsch zur Strecke gebracht, und das gleich in der ersten Brunft, als ich das Revier übernahm. Der junge Jagdherr sowie ein Förster aus Salzburg und ich saßen in meiner kleinen Hütte während der Hirschbrunft im Mittereibl. Ein kapitaler, ungerader 20-Ender, der einem mir bekannten alten Hirschen aus dem Salzatal sehr ähnlich war, zog auf etwa 150 Meter vor uns röhrend aus. Die beiden Herren neben mir, die wesentlich mehr jagdliche Erfahrung hatten als ich, waren voller Euphorie und sprachen ihn sofort als alten Hirsch an, mit der Aussage, wenn so ein Hirsch in ihrem Revier um Salzburg auftauchen würde, würden sie ihn sofort bedenkenlos schießen. Also ihrer Meinung nach sei das ein alter, reifer schussbarer Hirsch. Die Entscheidung lag nur bei mir, aber ich war mir äußerst unsicher und so entschied ich, ihn doch schießen zu lassen. Schon am Weg zum Anschuss war mir äußerst unwohl und ich sah schon, bevor ich direkt beim Hirsch war, dass er um einiges zu jung war. In diesem Moment ist mir auch klar geworden, bei welcher Fütterung er stand, und ich habe mich unendlich über meinen voreiligen Entschluss geärgert. Die beiden erfahrenen Jäger hatten mich ja nicht bedrängt, sondern nur immer wieder ihre Meinung geäußert. Der gute Zukunftshirsch war nicht älter als sechs Jahre und er kam aus der Höll, ein Futterhirsch von Sepp Schober. Natürlich befand er sich in meinem Abwurfstangenalbum und ich hatte ihn nicht erkannt. Ich war völlig am Boden zerstört, dass ich so einen kapitalen, aber viel zu jungen Hirsch sinnlos zum Abschuss freigab. Niemals hätte ich mir damals gedacht, dass man 20 Jahre später hier jeden Hirsch erschießen wird, der sich blicken lässt. Der Schütze wollte das Geweih bis zur Trophäenschau nach Salzburg mitnehmen, um in den umliegenden Revieren kein Aufsehen zu erregen, jedoch kam das für mich überhaupt nicht infrage. Für mich war jetzt das Wichtigste, den irrtümlich erlegten Hirsch in die Höll zu bringen, um Sepp meine Schandtat zu beichten.

Natürlich war Sepp nicht erfreut, aber er war mir auch nicht böse und hat mich nicht gerügt, denn er sah mir deutlich an, dass es mir mit diesem beschämenden Fehlabschuss nicht gut ging. Dafür war ich ihm unendlich dankbar und wir saßen noch eine ganze Weile zusammen wie immer. Für mich war das eine Lehre und in Zukunft habe ich nie wieder auf einen Hirsch schießen lassen, bei dem ich mir nicht sicher war, wie alt oder woher er war. So einfach war das und es ist mir auch nie wieder passiert. Immerhin sollten es in meiner Berufsjägerzeit an die 170 Brunfthirsche werden, auf die ich geführt hatte. Heute wäre das alles völlig egal – wenn so ein Hirsch, vor allem in dieser Qualität, auftaucht, wird er auch geschossen. Es ist auch nicht einfach für die Freizeitjäger oder zahlenden Abschussnehmer, das Alter eines Hirsches auch nur annähernd zu bestimmen. In späteren Jahren, als meine Hirsche in der Höll immer besser wurden, die stärkeren bis über 120 kg (Abwurfstangengewicht), hörte ich des Öfteren von den umliegenden Jägern die Kritik, dass so etwas nicht erstrebenswert sei. Es werden nicht viele Hirsche wirklich kapital, doch wenn einer die Veranlagung dazu hat, sollte man ihm auch die Chance geben, die Altersklasse eins zu erreichen. Winterfütterung und Ruhe, was ja im Gebirge selbstverständlich sein sollte, ist natürlich auch ein wichtiger Faktor, um kapital zu werden. Es gibt doch kaum einen schöneren Anblick, als einen reifen, hoch kapitalen Hirsch in einem Gebirgsrevier anzutreffen. Geschossen hätten meine Kritiker allerdings diese Hirsche ohne zu zögern – aber noch in jungen Jahren, bevor die Veranlagung überhaupt zum Vorschein gekommen wäre. Genau das konnte ich immer wieder bei den Trophäenschauen feststellen.

Wenn ich einen Hirsch erlegen ließ, der nicht bei meiner Fütterung stand, führte immer mein erster Weg zu dem Jäger oder Förster, der ihn gefüttert hatte, und es war mir nie jemand böse über die Abschüsse. Ich habe aber auch nie einen meiner eigenen Hirsche bei den Nachbarn jünger angegeben, um ihn dadurch zu schonen. Meistens kündigte ich den Abschuss schon beim AbwurfstangenFotografieren an, und meine Ehrlichkeit hat sich immer gelohnt. Doch es hat mich immer wieder erstaunt, wie wenig Kenntnis so manche Jäger oder Förster, die ja auch ihr halbes Leben mit dieser Materie verbrachten, über ihr Wild hatten.

Als ich den urigen alten Achter, meinen sogenannten „Chef", im 13. Kopf erlegen ließ, brachte ich das Haupt im grünen Zustand wie vorgeschrieben zum Hegemeister, dem Oberforstrat der Bundesforste, um das Alter dieses Hirsches bestimmen zu lassen. Als er es von mir wissen wollte, antwortete ich herausfordernd, dass ich keine Ahnung hätte. Ich dachte mir, wenn ich schon hierherkommen muss, um das Alter von meinem Futterhirsch bestimmen zu lassen, dann soll er es mir auch sagen. Jetzt wollte ich es einfach wissen – er war ja der Hegemeister und somit sollte er ein Profi in der Altersbestimmung sein. Da ich keinen Knicker dabeihatte, ging der Oberforstrat in seine Kanzlei, um einen zu holen, und legte den Unterkiefer frei. Nach längerer, unsicherer Begutachtung entschied er sich, den Hirsch als Sechsjährigen in seine Liste einzutragen. Ich war völlig überrascht und ließ seine Meinung noch etwa zehn Minuten so stehen. Als er sich verabschieden wollte, musste ich nun endlich mit der Wahrheit herausrücken und verkündete sie ihm etwas kleinlaut: „Herr Oberforstrat! Dieser Hirsch ist dreizehn Jahre alt." Daraufhin verschwand dieser kleine, etwas aufbrausende Mann furchtbar böse und zutiefst

Wie ein Scherenschnitt auf der Hinteren Staritze

Durch die Bilder der Abwurfstangen waren die Hirsche leichter zu erkennen

in seiner Ehre gekränkt in die Kanzlei. Während ich den Hirsch mit spitzbübischer Freude wieder verlud, kam noch ein alter Oberförster vorbei und machte eine zynische Bemerkung, dass dieser Hirsch doch nicht in die Einser-Klasse fallen wird (das heißt, dass er nicht über zehn Jahre alt sein soll). Grinsend und befriedigt fuhr ich nach Hause mit der Bestätigung, dass sie doch nicht so viel Wissen hatten, als ich annehmen sollte. Vom „Chef" hatte ich lückenlos alle Abwürfe zu Hause und war mir bezüglich seines Alters absolut sicher. Damals waren bei der Trophäenschaubewertung noch einige Berufsjäger, denen keiner etwas vormachen konnte, und so wurde er auch mit dreizehn Jahren bewertet. Zwei Jahre später ließ ich auch einen dreizehnjährigen, nicht sehr starken Hirsch, von dem ich schon mehrere Abwurfjahrgänge in meinem Album hatte, aus einem Nachbarrevier schießen. Bei meiner üblichen Vorzeigetour mit der noch grünen Trophäe verbrachte ich schon zwanzig Minuten mit dem Revierförster, aus dessen Revier der Hirsch stammte. Der Förster gratulierte mir immer wieder zu diesem alten, passenden Hirsch, der ihm sichtlich gefiel. Als ich ihn endlich aufklärte, dass dieser Hirsch sein eigener sei, wollte er mir das unter keinen Umständen glauben und eilte sofort zu seiner Geweihkammer. Dort wurde mir einiges klar: Er tat sich sichtlich schwer mit der Wiedererkennung seiner Abwurfstangen. Zur Unterstützung markierte er die einzelnen Jahrgänge der Hirsche mit verschiedenen Farbbändern, aber leider hatte das auch bei einigen Stangen nicht übereingestimmt. Schlussendlich konnte ich ihn doch noch davon überzeugen, dass es sein eigener Futterhirsch war.

Ins Staunen brachte mich auch einige Jahre später die Aussage eines Jagdausübungs-Berechtigten aus einem angrenzenden, aufgeteilten Staatsrevier. Voller Stolz erzählte er mir, dass er eine sehr gute Hirschbrunft in seinem Revier erlebt und einen alten Hirsch erlegt habe. In nächster Zeit hörte man von verschiedenen Jägern, dass dieser besagte Hirsch doch nicht so alt sei, und je näher die Trophäenschau kam, umso jünger wurde er. Das Phänomen der Hirschverjüngung bis zur öffentlichen Schau beobachtete ich des Öfteren. Schließlich bewertete man ihn mit vier Jahren und somit war er ein Hirsch der Klasse drei. Solche Hobbyjäger, die irgendwann völlig bezugslos für sich entscheiden, in das modern gewordenen Jagdgeschehen einzusteigen und dadurch plötzlich über Leben und Tod in freier Wildbahn entscheiden dürfen, sollte man aus unseren Wäldern verbannen. Solche Geschichten gab es einige und darum sollte es eigentlich Grundbedingung sein, dass die Kerngebiete der Rotwildbestände ausschließlich von Berufsjägern betreut werden. Es handelt sich ja nicht nur um einen Spaßfaktor der Freizeitgestaltung, sondern um Lebewesen und deren Lebensräume. Deswegen sollte ein erfahrener Berufsjägerstand unbedingt erhalten bleiben.

Gamskitzabschüsse sollten verboten werden!

Strenge Winter müssen bei der Abschußplanung berücksichtigt werden

„Gamswild“

Auch für das Gamswild bot die Staritze einen idealen Lebensraum. Nach Erzählungen meines Vaters waren die Gamsbestände in den Sechzigerjahren paradiesisch und Gamsgeißen im Alter von 20 bis 22 Jahren keine Seltenheit. An schönen Herbsttagen konnte man in den Achtzigerjahren immerhin noch an die 280 bis 300 Gams bei einer Rundpirsch am Hochplatou der Staritze antreffen. Am Klausboden ein Rudel mit bis zu 30 Stück, im Auertal 50 Stück, Mittereibl 70 Stück oder am Ochsenbüchl 30 Stück waren ganz normal. Das Gamswild war damals auch nicht besonders scheu. Ich übernahm die Erfahrung meiner Vorfahren und achtete immer darauf, diese Rudel während der Bejagung so wenig als möglich zu beunruhigen, um sie dadurch unbedingt auf den Hochflächen zu halten, was wesentlich zur Schadensverhinderung in den darunterliegenden Schutzwäldern beiträgt. Dass sich alte Gams, vor allem Böcke, von Natur aus eher abseits stellen, erleichtert die Bejagung natürlich. Das Gamswild wurde im Laufe der letzten Jahrzehnte auch wiederum durch die Revierverkleinerungen, der überhöhten, unprofessionellen Bejagung in die Schutzwälder gedrängt und zum sorglos verfolgten Schadwaldgams degradiert. Da die Gämsen sich auf den freien Flächen der Almen, wo sie noch nie Schaden anrichteten, tagsüber nicht mehr sicher fühlen, verbringen die wenig verbliebenen wiederum die meiste Zeit in den verbissgefährdeten Schutzwäldern, wodurch eine Abschusserhöhung gerechtfertigt wird. Obwohl der Druck seitens der Bundesforste aber leider auch von der Verwaltung Brandhof enorm hoch war, habe ich immer verweigert, Kitze und Jahrlinge zu schießen, denn auch das ist langfristig der Untergang eines gesunden Gamsbestandes. Kitzabschüsse sollten nur bei überalterten Kitzgeißen gerechtfertigt sein, ansonsten sollten schwache Kitze dem Adler überlassen werden. Gäste auf einen Gamsabschuss zu führen, war für mich eine Leidenschaft und eine hochinteressante Herausforderung. Bei diesen ausgedehnten Tagespirschen etwas Passendes auszusuchen und dabei so wenig als möglich Unruhe für die Rudel in ihren Lebensräumen anzurichten, war Grundvoraussetzung. Es kam öfter vor, nach einer Tagespirsch mit Gästen 100 bis 150 Gams begegnet zu sein und keinen für einen Abschuss gefunden zu haben. Aber wenn es danach doch noch geklappt hat, war die Mühe schnell vergessen und die Freude groß. Heute würde man hier in den Staatsrevieren um das Mariazellerland, wenn man das Jägern erzählt, Kopfschütteln und ein unverständliches Lächeln ernten. Dafür sind die Gamsbestände im Hochschwab sowie in den umliegenden Revieren wie die Staritze, Zellerhut, Kräuterin, Tonion und Veitsch für meine Begriffe um mehr als das Zehnfache gesunken. Etliche dafür infrage kommende Gründe sowie strenge Winter, das stark aufkommende Steinwild oder sogar der Kimawandel werden dafür genannt. Die Verantwortung für diesen radikalen Rückgang tragen allein die Grundbesitzer, die zu viele Abschüsse beantragen, um die immer mehr werdenden Jäger, unter denen das Gamswild auch sehr begehrt und vor allem in der Jugendklasse leistbar ist, zu befriedigen. Es stimmt schon sehr nachdenklich, dass kaum mehr, auch nicht in den frühen Morgenstunden oder in der Abenddämmerung auf diesen endlosen, entlegenen, tourismusfreien Almböden Wild zu begegnen ist.

Sehr oft werden von den heutigen Jägern die schwindenden Wildbestände schöngeredet. Wenn sie ein kleines Rudel Gams von zehn bis fünfzehn Stück in Anblick bekommen oder ein Hirsch über die Alm röhrt und dadurch den Eindruck hinterlässt, es wären mehrere, ist man hellauf begeistert, denn sie kennen es ja nicht anders. Aber dass man als zahlender Jäger, wie man öfters von ihnen zur Antwort bekommt, diese Abschüsse auch noch unbedingt erfüllen muss, ist für mich äußerst schwer zu verstehen. Auch der Birkhahn hinterlässt, wenn er über die Alm streicht und sich immer wieder von einer anderen Stelle meldet, oft den Eindruck, dass es mehrere wären. So sind schnell die fünf Hahnen bestätigt, um einen zum Abschuss frei zu bekommen.

Leider sind solche Gamsrudel Vergangenheit

Vor dem Jagdhaus

Vordere Staritze

Solche Begegnungen gibt es leider kaum mehr

Ich lauschte immer wieder gern Vaters Erzählungen über den Wildreichtum zu seiner Zeit auf der Zeller Staritze. Es ist kaum zu glauben, was der Mensch hier angerichtet hat. Raufußhühner gab es in großen Mengen, sogar Plätze wurden danach benannt: die „Bruathenn", „Hehnasteign" oder der „Hahnkogel". Vater sprach über diese Plätze zur Frühjahrs- und Herbstzeit von einer Bewegung wie in einem Hühnerstall. Auch davon ist heute nichts mehr zu bemerken. Die Jagd auf Auerhühner und Birkhühner hätte schon bei den ersten Anzeichen eines Rückganges eingestellt werden müssen. Das hätte die Glaubwürdigkeit der Jagd sehr bekräftigt. Das Argument, wenn keine Hahnen mehr freigegeben werden würden auch die Interessen zur Lebensraumerhaltung für die Raufußhühner seitens der Jäger nachlassen, ist unakzeptabel. Diese Vögel, die keinerlei Schäden verursachen, sollten von der Jägerschaft schnellstens geschont werden. Dass das Birkwild den Großteil seines Lebens durch den enorm ansteigenden Flugverkehr in dem schon bedenklich verschmutzten Schnee verbringt, ist für mich sicher auch ein Grund, dass der Bestand so stark rückgängig ist. Forstlich hat sich ja einige Hundert Jahre auf den Hochflächen für das Birkwild kaum etwas verändert und der Tourismus spielt in diesen Revieren auch keine Rolle.

Oft bin ich in den Achtzigerjahren plötzlich und unerwartet unter jungem Birk- oder Auerwild gestanden und habe mich immer wieder gewundert, dass ich sie trotz genauesten Beobachtens erst beim Abstreichen zu sehen bekam. Leider sind diese Tarnkünstler heute viel zu selten anzutreffen. An schönen Tagen während der Hirschbrunft war das Auer, aber vor allem das Birkwild weithin über den Almböden zu hören. Mit ihrem markanten Rodeln war es damit ein fixer Bestandteil dieser spätherbstlichen Stimmung am Berg. Zum Glück hatte ich immer Jagdherren, die sehr rücksichtsvoll waren. Unter Herrn Baron August von Finck hatten wir alle Jahre einen kleinen Hahn und ein Murmeltier frei, aber nie erlegt. Er hatte stets betont, wie schön es doch ist, sie im Revier zu haben, was mich sehr beeindruckte und meinen Eifer zu meinem Beruf unendlich anfeuerte.

Wildbringung von der Staritze in die Steinschale: Vater, Mutter und Schober Sepp 1955. Diesen Handwagen mit eisenbeschlagenen Holzrädern auf die Alm zu bringen, war schon enorm – aber ihn oben mit einem Brunfthirsch von etwa 140 kg, dazu noch ein bis zwei Gams mit ungefähr 40 kg zu beladen und diese Fuhre in die Steinschale zu fahren, war Schwerstarbeit. An den steilsten Wegstücken wurden Bäume samt den Ästen an den Wagen gehängt, um das Tempo zu drosseln.

Wildbringung dreißig Jahre später von Mittereibl, Zinken, Ochsenbühel: auch abenteuerlich und nicht ganz ungefährlich, aber doch wesentlich leichter

Der „Brandhof“

Seine Exzellenz Graf Johann von Meran mit seiner Frau Gräfin Ladislayer und mit seinem Jagdpersonal um 1930

Berufsjäger vom Brandhof um 1920 mit einheitlicher Meran'scher Messing-Hosenbundschnalle

Der Brandhof war urtümlich im Besitz vom Stift St. Lambrecht und ein uralter Bauernhof in der Einschicht. Er stand genau auf der Grenze zwischen den Herrschaften Mariazell und Aflenz. Der Hof selbst befand sich noch im Mariazellergebiet, die landwirtschaftlich genutzten Flächen lagen jedoch zum Großteil im Bereich der Aflenzer Herrschaft. Um 1390 war ein gewisser „Prantner“ Pächter des Gutes, dessen Name auf den Hof überging. Der Besitzer des Hofes war Ende des 15. Jahrhunderts verpflichtet, über den 1.254 m hohen Seebergsattel Vorspanndienste zu leisten. Erzherzog Johann, der jüngere Bruder von Kaiser Franz I. von Österreich, erwarb dieses Gut 1818 bei einer Auktion, bei der er einen Strohmann entsandte. Der Herzog hatte vor, hier ein Musterlandgut für alpenländliche Viehzucht zu errichten. In den folgenden sechs Jahren ließ er das Gut in ein ansehnliches Jagdschloss umbauen und durch Zukäufe wurde der Besitz wesentlich vergrößert. So war unter anderem auch die Zeller Staritze seit Erzherzog Johann von etwa 1825 bis 1990 an die Meran'sche Verwaltung „Brandhof" verpachtet. Die Grafen von Meran hatten um die vierzigtausend Hektar Jagdpachtgebiet um den Brandhof. In den Zwanzigerjahren gab es noch über zwanzig Berufsjäger, die im Laufe der Zeit immer weniger wurden. Damals hätte sich sicher keiner vorstellen können, dass es an diesem mustergültigen Gutshof zeitweise kein Forst- oder Jagdpersonal mehr geben wird und dass der Nachfolger der fünften Generation des Herzogs nach der Jahrtausendwende die wenigen verbliebenen Rehe im Winter über einige Jahre hindurch selbst betreut. Rotwild ist in heutiger Zeit innerhalb, aber auch außerhalb der Jagdzeit nicht mehr erwünscht und es wird streng darauf geachtet, dass sich den Winter über keines einstellt. Wenn doch, dann wird es in der Schonzeit und auch bei hoher Schneelage bejagt oder ausgetrieben. So wurden leider auch die vorbildlichen Rotwildbestände in den gräflichen Revieren um den Brandhof völlig zerstört, sodass im Winter kein Berufsjäger mehr notwendig ist. Kaum zu glauben, dass die Wurzeln des Steirischen Jagdschutzvereins am Brandhof liegen. Auch das Gamswild ist am Hochschwab in den letzten Jahrzehnten durch sorglose Bejagung massiv zurückgegangen. Jedoch seit einigen Jahren scheint man aber wieder mehr Wert auf einen gesunden Gams- und den neu angesiedelten Steinbockbestand zu legen, was auch die alljährliche Trophäenschau bestätigt. Da diese Wildarten keinerlei Überwinterungskosten und auch keine gravierenden Forstschäden verursachen, aber doch sehr hohe Abschussgelder einbringen, wäre es ja auch unverständlich, das nicht zu nutzen.

Um 1830
und 1998

Das abgebrannte Wirtschaftsgebäude 1962

Hoffentlich liegt es nicht am Finanziellen, dass diese Bestände weiterhin sinken. So ist das Hochplateau vom Hochschwab trotz vielfacher Rückgänge der Gamsbestände immer noch, im Vergleich zu den umliegenden Staatsrevieren, ein Wildparadies. Auszug einer alten Schrift um 1830:

Im Ring ist der reichste Gamsbestand und die in der Jägersprache so benannte: „Gamsmutter" der Alpenjagd. Hier können Beschauer Herden von 150 bis 200 Gemsen ruhig weiden sehen. Eine Erscheinung welche sich bey den Missbräuchen der meisten Gamsbestände in der ganzen Alpenländischen Alpenkette nicht mehr wiederfindet. Um diesen seltenen Stand gehörig zu schonen, gestattet Sr. Hoheit Erzherzog Johann die Jagd im Ringe nicht. Durch gezielte Maßnahmen wie zum Beispiel das Aufstellen von Sulzen an fast unzugänglichen Orten, Wildfütterungen für Rehe und Hochwild wurde der darniederliegende Wildbestand wieder aufgefrischt.

Der Brandhof selber wirkt heute sehr verlassen und einsam. Ich erinnere mich noch daran, dass in den Sechzigerjahren hier alles voller Leben mit vielen Angestellten war. Damals gab es noch die vorbildliche Landwirtschaft mit Pinzgauerkühen.

Erzherzog Johann hatte diese robuste Rasse ins Hochschwabgebiet gebracht. Für mich sind es immer noch die schönsten Rinder, die hervorragend in diese Berglandschaft passen. Als meine Eltern 1947 die Steinschale übernahmen, kauften auch sie zwei Kalbinnen vom Brandhof und wirtschafteten über dreißig Jahre mit dieser robusten Rasse.
Die Abwurfstangenschau am Brandhof war auch legendär und damals von großer Bedeutung. Von Kind auf habe ich dieses traditionelle Fest jahrelang miterlebt.

Dr. Franz Graf von Meran inmitten seiner Jäger am Brandhof, von links: mein Vater, Großvater Obj. Adam Breitler, Obj. Michl Reitbauer, Obj. Stieber, Graf Meran, Obf. Schachner, Obj. Sepp Auer und Obj. Sepp Holzer

Der Park um das Schloss wurde vollgelegt mit unzähligen Abwurfstangen von den noch lebenden Hirschen aus dem gesamten Hochschwabgebiet. Urige Berufsjäger-Persönlichkeiten aus den umliegenden Revieren hatten sich zu diesem Anlass um den alten Grafen von Meran versammelt. Jedes Stangenpaar dieser Hirsche wurde von seinem Betreuer vorgestellt und besprochen. Die Vereinbarungen, ob ein Hirsch geschont oder zum Abschuss freigegeben wird, wurden strengstens eingehalten. Leider hat sich auch das in den nächsten Generationen völlig geändert und es wird jeder Hirsch ohne Rücksicht auf Veranlagung oder Alter erlegt. Diese alten Berufsjäger waren jeder für sich ein Original, die ihre Berufung wirklich lebten, und der Brandhof war das absolute Vorbild der Jägerschaft weit über die steirische Grenze hinaus. Meine erste Erinnerung an den Brandhof war 1962 die alljährliche Weihnachtsfeier, wo die Kinder der Bediensteten durch eine Losziehung von der Herrschaft beschenkt wurden. In diesem Jahr ist in den Wirtschaftsgebäuden zum dritten Mal in der Geschichte vom Brandhof ein Feuer ausgebrochen, das Schloss konnte aber gerettet werden. Genau an diese abgebrannten Holzreste des Gebäudes, die bei der Weihnachtsfeier noch zu sehen waren, kann ich mich als damals Vierjähriger deutlich erinnern. 1995 ist der Brandhof wiederum nur knapp einer weiteren Brandkatastrophe entgangen. Früh am Morgen, am Tag einer Gamstreibjagd, wurde ein Jagdgast durch lautes Knallen geweckt. Ein CD-Player erhitzte sich und fing Feuer. Dies passierte genau an einem Tag, an dem sich ein Gast im Zimmer daneben befand. Durch sein aufmerksames, schnelles Handeln konnte zum Glück ein Ausbreiten des Feuers am Brandhof verhindert werden.

Nach einer traditionellen Gamstreibjagd am Hochschwab um 1930. Ganz rechts seine Exzellenz mit seinen Nachkommen und links seine Jäger und Treiber

1960: Das damalige Jagd- und Forstpersonal vom Brandhof. Von Links: Obj. Holzer, J. Schager, Rj. Gewolf, Obj. Stieber, Ofö. Schachner, unbek.; Fö. Schachner, Rj. Prumetz, Obj. Auer, Jj. Schober, Kanzleifö. Rosenblattl und Obj. Reitbauer

Der überaus menschenfreundliche Dr. Graf Franz von Meran mit der Gräfin

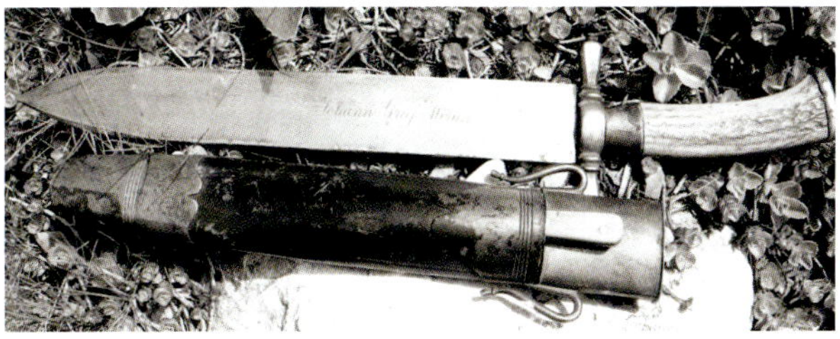

Meran'sche Hirschfänger und Hosenbund-Schnallen aus Messing wurden von den pensionierten Berufsjägern an die nächste Generation weitergegeben

Dienstbesprechung 1958 am Brandhof: Dr. Graf Franz von Meran mit einem Teil seiner Berufsjäger; von links: Obj. Reitbauer Michl, Obj. Sepp Holzer, Rj. Mattl Prumetz, Obj. Adam Breitler, den Rücken zeigend Kanzleiförster Rosenblattl, ganz links unbekannt

„Das Erzherzog-Johann-Jagdhaus“ auf der Staritze

Dieses große, schon etwas herrschaftliche Jagdhaus auf der Staritze wurde um 1835 von Erzherzog Johann auf Staatsgrund etwa in der Mitte von der Alm erbaut. Die zehn Zentimeter dicke Eingangstür aus Fichtenholz mit einem großen Eisenschloss, zu dem ein etwa zwanzig Zentimeter langer schwerer Schlüssel passte, ist an vielen Stellen von alten Berufsjägern unterzeichnet, die auf dieser Alm ihren Dienst verrichtet hatten. Zum Teil sind diese alten Aufzeichnungen schon ausgebleicht und unleserlich, da einige weit über hundert Jahre zurückliegen. Namen wie Obj. Rosenblattl, Obj. Fluch, Revj. Stieber, Revj. Holzer, Obj. Todt (der Lehrherr meines Vaters), Obj Breitler (mein Großvater), Revj. Schober (der langjährige Jungjäger meines Vaters), Obj. Prumetz (mein Vater) und auch meine eigene Unterschrift als letzter herrschaftlicher Berufsjäger auf der Staritze sind hier zu finden. Hinter dem Eingang befindet sich die große „Rauchkuchl“, die mein Vater noch im ursprünglichen Betrieb erlebt hat. In den Fünfzigerjahren wurde sie aufgelassen und die große Esse mit Fichtenholzbrettern abgedeckt. Links befand sich das Grafenzimmer mit einem Kachelofen und dem original Bett von Erzherzog Johann. Daneben war ein kleiner Abstellraum, in dem sich unter anderem Tarnnetze zum Verdunkeln der Fenster befanden, um das Wild durch das Petroleumlicht nicht zu stören. Auf der rechten Seite der „Rauchkuchl“ war ein großer Raum mit Kachelofen und Betten für Personal und eine kleine Küche für Jäger und Jungjäger. Vater hat in den Vierziger- und Fünfzigerjahren die Hirschbrunft hier noch mit dem Enkel von Erzherzog Johann, Exzellenz Franz, und später mit dessen Sohn Graf Franz Meran in diesem urigen Jagdhaus erlebt. Ende der Fünfzigerjahre übernahm der Neffe von Graf Franz Meran, Dipl.-Ing. Baron Friedrich Mayr-Melnhof, das gesamte Revier Staritze mit 4.500 Hektar. Meine ersten Erinnerungen an dieses Jagdhaus waren die langzotteligen, kratzigen, dicken Kotzen, die ein Schlafen ohne Bekleidung unmöglich machten, und natürlich Vaters einfacher aus Mehl, Wasser und Salz in einer Eisenpfanne gekochter Brennsterz.

Dipl. Baron Mayr-Melnhofs letzter Hirsch auf der Staritze, ein elfjähriger 22-Ender aus dem Salzatal

Dieser Sterz hat nirgendwo besser geschmeckt als in der Almhütte aus Vaters Hand, und das war nicht nur meine Meinung. 1967 wurde das Jagdhaus mit Salzburger Zimmereihandwerkern, die wochenlang auch im Haus einquartiert waren, umgebaut. Es entstanden ein Gästezimmer, eine Küche, ein Personalzimmer, eine Speis mit Gaskühlschrank und ein Jägerzimmer mit Stockbett. Eine Gaslichtanlage, die mit einer Elf-Kilo-Flasche versorgt wurde, erleuchtete das Haus wie noch nie zuvor. Als Nutzwasser wurde Regenwasser in einem Bassin gespeichert und das Trinkwasser von der Steinschale in einem 150-Liter-Holzfass mit dem Land Rover auf die Alm gebracht. Die Herrschaft Mayr-Melnhof verbrachte die Zeit der Reh- und Hirschbrunft jeweils zwei bis drei Wochen im Jagdhaus. Für mich war das eine ganz besondere, unvergessliche Zeit, mit dieser überaus netten Familie von früh bis spät unterwegs zu sein und auch den Tisch zu teilen. Niemals kam in mir ein Minderwertigkeitsgefühl auf – meine Freude und der Eifer für diesen Beruf wurden überaus geschätzt und ich fühlte mich absolut im Kreise dieser Familie aufgenommen. Die unzähligen Pirschgänge mit Baron Mayr-Melnhof, seinen Söhnen und Schwiegersöhnen sind für mich unvergesslich. Da die Abschussvorschriften der Bundesforste weiterhin unabsehbar anstiegen und auch Baron Mayr-Melnhof dieser radikalen Reduktion machtlos gegenüberstand, sie aber auch nicht finanzieren wollte, entschloss er sich schweren Herzens, dieses wunderschöne Revier, mit dem er schon seit Generationen eng verbunden war, aufzugeben. Der Herr Baron hat sich noch verantwortungsbewusst um einen Ersatzpächter bemüht, um mir und der Staritze doch noch eine Zukunft zu ermöglichen.

Unvergesslich, die vergangenen Zeiten meiner Vorfahren wiederzubeleben

Die Mühe hat sich gelohnt, denn Herr Baron August von Finck, der am Brandhof schon jahrelang Abschussnehmer war, entschloss sich, die Höll und die Staritze zu pachten, um ein großflächiges Revier aufzubauen. Das schien die Rettung zu sein, ich war äußerst zuversichtlich und hocherfreut, in meinem Revier bleiben zu dürfen. So wurde auch das Jagdhaus neuerlich renoviert. Das gesamte Dach wurde mit Holzschindeln neu eingedeckt, ein großer Kachelofen im Grafenzimmer sowie einer in der Stube gebaut und die gesamte Einrichtung stilgerecht dazu passend angefertigt. An der Hinterseite des Hauses, dem Wintereingang, hatten wir einen sehr gemütlichen Holzbalkon mit schöner Aussicht errichtet. Ein Teil der schwammbefallenen vorderen Hauswand wurde mit von Hand gehackten Fichtenstämmen ausgetauscht und ein 3.000-Liter-Behälter zum Speichern von Regenwasser mit Ziehbrunnen eingegraben. Herr von Finck war sehr großzügig, dieses Kulturgut langfristig zu erhalten, und schenkte mir sehr viel Vertrauen, das zu tun. So baute ich auch um das Haus einen Zaun, wie er früher üblich war, mit Fichtenstangen zum Abnehmen. Aber am meisten begeisterte mich, dass ich die große Rauchkuchl wieder aktivieren durfte. Mit Hubert Todt, dem Sohn vom Lehrherrn meines Vaters, der auch eine innige Beziehung zu diesem Jagdhaus hatte, fuhr ich in das Freilichtmuseum Stübming, um dort die offenen Rauchkucheln zu studieren. Die alten Kochpfannen sowie Kochwerkzeuge waren noch ganz gut erhalten am Dachboden gelagert und den Rest haben wir stilgerecht nachgebaut. Ich war mit großer Freude bei der Sache und habe danach traumhafte, unvergessliche Abende bei offenem Feuer an der großen Esse beim Brennsterzkochen erlebt. Es brauchte schon einiges an Übung, den Rauch unter Kontrolle zu halten und ihn nicht ständig in die Augen oder Lungen zu bekommen. Diese einzigartige Stimmung durch das Flackern des großen Feuers inmitten des Raumes sowie das sanfte Licht von den an der Wand hängenden Petroleumlampen spiegelte für mich das Leben aus vergangenen Zeiten meiner Vorfahren wider auf dieser mir so vertrauten Alm. Sogar den alten Mulistall in der Holzhütte hatte ich mir wiederhergerichtet, um mit meiner Haflingerstute übernachten zu können. Herr von Finck ließ auch die Straße auf die Alm richten. Es wurde die gesamte Strecke mit zwei übergroßen Traktoren aufgefräst, gewalzt und war danach in einem Zustand wie noch nie zuvor. Die Almbauern waren höchst erfreut über die Großzügigkeit von Herrn von Finck. Sogar das Haus in der Steinschale sollte renoviert werden und eine neu angelegte Fütterung auf der Hauswiese mit Wintergatter war in Planung. Die Steinschale mit den großen Wiesen als Äsungsflächen und als Einstand der große Buchendschungel unterhalb der Staritze hätten sich besonders als Wintergatter angeboten. Es wäre für mich eine Herausforderung gewesen, das Rotwild nach der Futterzeit auf die wildschadenfreie Hochfläche der Staritze zu leiten, um ihm langfristig Lebensraum zu bieten. Es schien aufwärtszugehen und ich war mit dieser Entwicklung überaus zufrieden. Doch die Bundesforste forderten weiterhin hemmungslos immer höhere Abschüsse.

Sie gingen auch keine Kompromisse ein, den ohnehin schon sehr stark reduzierten Bestand so zu erhalten, wie er war. So war es klar ersichtlich, dass es hier nicht mehr um Wildschäden geht, sondern man braucht zahlende Jäger, die Totalabschuss betreiben. Dadurch war der Aufwärtsschwung dieses wunderschönen Reviers nach einem Jahr beendet und Herr von Finck sah sich gezwungen, den Pachtvertrag zu kündigen. Ich war unendlich traurig, die Steinschale für immer verlassen zu müssen. Doch ich hatte Glück und übersiedelte in das Nachbarrevier Höll, in dem mein Leben unter Rotwild erst richtig beginnen sollte. Doch wir hatten auch in der Höll den Traum von der Staritze noch nicht aufgegeben und Herr von Finck und ich haben immer wieder darüber gesprochen, wie schön es doch wäre, die Höll mit der Staritze wieder zu vereinen. So ist es auch nach weiteren sechs Jahren gelungen, diese Hochflächen wieder Stück für Stück zu pachten. Bei den Bundesforsten gab es eine Umstrukturierung sowie auch eine neue Führung und es schien alles in verträglichen, akzeptablen Bahnen zu verlaufen. Herr von Finck hatte wieder sehr viel Geld in das Revier investiert und hatte sogar in Gedanken vor, das gesamte ursprüngliche Revier Staritze mit dem Revierteil Waldsiedel zu kaufen. Zu dieser Zeit gab es bei den Bundesforsten viele Frühpensionierungen und es wurden auch einige Reviere verkauft, so schien dieser Gedanke nicht so unrealistisch. Als wir im dritten Jahr auch noch die Rammertalfütterung dazubekamen, zeigte sich erst wieder das wahre Gesicht der neuen Forstverwaltungsgeneration und es ging mit den überhöhten Abschüssen wieder los. Der Forstmeister wollte mir vorschreiben, 50% des Rotwildabschusses schon vor der Brunft zu erfüllen, obwohl das Wild durch die schonungslose Bejagung der Vorpächter aus vorhergehenden Jahren vor allem auf den Hochflächen zum absoluten Nachtwild geworden war. Als wir den Revierteil der Rammertalfütterung auch noch dazupachteten, forderte der zuständige Forstmeister, ich soll im November im Gatter den Bestand um 30 Stück reduzieren, obwohl das Rotwild erst bei völliger Dunkelheit zur Fütterung kam. Daraufhin kündigte Herr von Finck trotz der vielen Investitionen in das Revier sofort. Der Traum vom Erhalten dieses traditionellen, unter Berufsjägeraufsicht gestellten Revieres war endgültig geplatzt. Sobald es im darauffolgenden Frühjahr die Schneelage zuließ, transportierte ich unter widerwilliger Beobachtung des Försters alles ab, was im Jagdhaus nicht befestigt war. Sogar das Brennholz, das wir bezahlt hatten, und die Stangen vom Zaun nahm ich mit. Ich war unglaublich traurig, diese Alm, mit der ich von Kindheit auf engstens verbunden war und auf der viele meiner Vorahnen ihren Dienst verrichtet hatten, für immer als Berufsjäger verlassen zu müssen.

Kurze Zeit später fuhr ich im Herbst mit meiner ersten Frau in die Steinschale, wir ließen das Auto im Hof stehen und gingen über die Wiese rauf zum gegenüberliegenden Donner-Blitz-Kogel, um wehmütig Erinnerungen aufzufrischen. Etwa eine Stunde vor Einbruch der Dunkelheit tauchte plötzlich am Weg vom Predal ein kleiner, jugendlich traditionell gekleideter Jäger mit Gewehr auf. Ich konnte schon von Weitem deutlich erkennen, dass er nicht sonderlich erfreut war über unsere Anwesenheit. Als er etwas näher kam, rief er in einem etwas bestimmenden Ton zu uns herauf, was wir hier um diese Zeit zu suchen hätten. Daraufhin versuchte ich ihm zu erklären, dass ich hier aufgewachsen bin und auch über zehn Jahre als Berufsjäger dieses Revier geleitet hatte. Das hat diesen Jäger mit stattlichem Hirschbart am Hut überhaupt nicht interessiert und er antwortete unfreundlich, wir sollten schnellstens verschwinden, denn wir würden ihm das Wild vergrämen. Ich war hier aufgewachsen, das war meine Kinderstube und ich wusste sehr genau, wie ich mich im Wald zu verhalten hatte. Doch dieser kleine jagdlich gekleidete Wiener wollte mich hier mit einem äußerst überheblichen, aggressiven Ton verjagen. Ich glaube, mich hat noch nie jemand von einer nachdenklichen, wehmütigen Stimmung in so kurzer Zeit in eine für ihn doch sehr bedrohliche Situation gebracht. Er hat nach einer heftigen, etwas lauteren Ansage von mir die Gefahr sofort erkannt und entfernte sich mit immer schneller werdenden Schritten. Darüber war ich doch sehr erleichtert, um nicht in eine Situation zu kommen, die ich später vielleicht bereut hätte. Völlig erstaunt über meine plötzliche Gefühlswandlung beruhigte ich mich langsam wieder und ging zurück zu meinem Auto. Ich war immer sehr erfreut, wenn ich in der Steinschale oder auch später in der Höll Leuten begegnete, die auf diesen Plätzen eine Vergangenheit hatten, wodurch ich einiges für mich Interessantes aus früheren Zeiten erfahren konnte. Sogar das Befahren der Forststraßen zu diesen Häusern hatte ich solchen besonders älteren Leuten gestattet, die sonst nie mehr hierhergekommen wären. Aber es war noch nicht genug: kurz bevor ich in mein Auto einsteigen wollte, stand plötzlich der Jagdpächter höchstpersönlich vor mir und verkündete mit hochrotem Kopf seine lautstarke Belehrung. Als von ihm die Worte kamen, ob ich nicht wisse, wer er eigentlich ist, gingen bei mir fast die Lichter aus, und ich drohte ihm, ihn die steile Hausleiten runterzuschmeißen, wenn er nicht sofort seinen Mund halten und schnellstens verschwinden würde. Somit hat dieser „Jagdherr" den Ernst der Lage sofort verstanden und ergriff die Flucht. Wie kann man sich als sogenannter Jagdpächter so undiplomatisch gegenüber den einheimischen Bewohnern verhalten? Durch die Revieraufteilungen tauchten hier in diesen Wäldern Jäger und Jagdpächter auf, von deren Verhalten ich doch schon sehr überrascht war. Seit meiner Kindheit hatte ich nur nette und höfliche Jäger in meiner Erinnerung und auch während meiner Berufsjägerzeit habe ich nur wirkliche Jagdherren und überaus zuvorkommende Gäste geführt, denen ich auch meinen ehrlichen Respekt entgegenbrachte. Aber seit die Jagd auch der breiten Masse zugänglich wurde und es für viele Leute äußerst erstrebenswert erscheint, endlich eine Waffe im Wald zu führen, was bisher nur dem Adel, der höheren Gesellschaft und dem Berufspersonal zugänglich war, sind eben auch etwas spezielle Charakter darunter zu finden. Leider spiegelt sich das auch in den heutigen Wildbeständen wider.

Ich kann mich nie daran erinnern, dass von den Häusern aus Wild geschossen wurde oder Hochsitze unmittelbar bei den Häusern gebaut wurden. Ein Haushirsch, Hausbock oder ein führendes Muttertier mit ihrem Jungen, das regelmäßig beim Haus auszog, war schon etwas Besonderes und wurde unbedingt geschont. Auch das hat sich nach der Wende der jagdlichen Wertschätzung schnell geändert. Aber vielleicht werden diese aufwendigen Hochstände auch nur zur besonderen Überwachung der Häuser gebraucht.

Auertal und Brandstein, die Kinderstube des Rotwildes. Nach alten Erzählungen zogen hier in den Dreißigerjahren an die hundert Stück Kahlwild auf. In den frühen Achtzigerjahren konnte ich noch bis zu vierzig Stück bei Tageslicht beobachten, die hier völlig schadfrei den Sommer verbrachten. Heute, fast vierzig Jahre später, sieht man in diesem entlegenen Revierteil, in dem es nie Wildschäden gab, kaum mehr etwas und auch Fährten findet man nur vereinzelt.

Der uralte löchrige Bergahorn vom völlig abseits gelegenen Brandstein auf der Zeller Staritze, bei dem ich immer noch zu jeder Jahreszeit ein paar Mal vorbeikomme

Immer wieder ein unbeschreibliches Gefühl unter diesen mächtigen Herrn in unmittelbarer Nähe zu verweilen

Steinböcke

Es gibt aber auch etwas Positives über die Wildbestände im Hochschwab zu berichten. Das Steinwild hat sich völlig selbstständig und ohne hegerische Maßnahmen im Hochschwabgebiet angesiedelt. Ab Mitte 1937 wurde in Wildalpen eine Steinwildkolonie aufgebaut, die auch viele Jahre den Winter über gefüttert wurde. In den ehemaligen Revieren von Mattner & Alinger in Tragöß wurde in den Siebzigerjahren auch ein kleiner Bestand aufgebaut. Bis Anfang der Achtzigerjahre begegnete man am Hochschwab keinem Steinwild. Ich erinnere mich noch, dass vor etwa 40 Jahren die alten Jäger behaupteten, dass der Hochschwab für den Steinbock völlig ungeeignet sei. Zu strenge Winter mit enormen Schneemengen und zu wenig abgewehte Äsungsflächen. Wahrscheinlich ermöglichte diese Ansiedelung der viel diskutierte Klimawandel und der damit verbundene deutliche Anstieg der Schneefallgrenze. Zugleich wird dieser Temperaturanstieg für den überaus geselligen Steinbock, aber auch für das Gamswild in Zukunft eine ernste Bedrohung sein, da durch diese Erwärmung auch in den höheren Lagen Parasiten wesentlich leichter überleben. Ich begegnete dem ersten Steinbock in freier Wildbahn auf der Mariazeller Staritze am 8. Dezember 1983. Es war Brunftzeit der Steinböcke und ich beobachtete den Bock, wie er in einem Gamsrudel von etwa 40 Stück die Geißen umhertrieb, da es damals weit und breit noch keine Steingeißen gab. Dieser stattliche Bock war der erste, der sich im Gebiet der Staritze ansiedelte. Überwintert hatte er in Weichselboden hinter dem Haus von Herzog Albrecht von Bayern bei einer Rehfütterung, wo er auch mit 14 Jahren verendete.

Als ich 1989 in das Revier Höll wechselte, begegnete ich regelmäßig bei meinen täglichen Weideviehkontrollfahrten zum Mitterboden 5 bis 8 Böcken, die relativ schnell vertraut wurden und meine Trialmaschine sowie das Quad völlig ignorierten. Steingeißen tauchten erst ab Mitte der Neunzigerjahre auf und waren im Vergleich zu den Böcken sehr scheu. Jetzt, fast dreißig Jahre später, genieße ich immer wieder Sonnenaufgänge am Hochschwab mitten unter den Steinböcken. Auf dem Hochplateau sind sie völlig vertraut. Wenn man alleine ist und sich richtig zu bewegen weiß, vertragen sie eine Nähe von nur wenigen Metern. Um vom Rotwild in unmittelbarer Nähe geduldet zu werden, brauchte ich unendliche Geduld und viele Jahre, bei den Steinböcken klappt das auf Anhieb. Für mich ist es immer wieder überwältigend, einige Zeit unter ihnen zu verweilen. Zum Glück weichen die meisten Touristen diesen furchteinflößenden, aber harmlosen Gesellen großräumig aus. Die Böcke scheinen das auch zu wissen und genießen ihre Macht auf diesem herrlichen Hochplateau. Auf der Mariazeller Staritze ist ihr Verhalten völlig anders, man kommt ihnen kaum näher als 150 bis 200 Meter. Hier siedelten sich in den letzten Jahren etwa 30 bis 35 Stück an und es wird auch nur jedes Jahr einer, allerdings mit fragwürdigem Alter, geschossen, aber wahrscheinlich überträgt sich diese unsichere wildleere Stimmung auch auf das von Natur aus vertraute Steinwild. Immer wieder wird auch behauptet, dass Steinwild die Schuld am Rückgang der Gamsbestände trägt. Mir sind aber auch seit Jahrzehnten die völlig überhöhten Abschüsse der aufgeteilten Staatsreviere vor allem in der Jugend- sowie Mittelklasse bekannt, wofür das Steinwild mit Sicherheit nicht die Verantwortung trägt.

Morgendliches Training und bei Sonnenaufgang

Rotwildfütterungen hatten im Hochschwabgebiet eine weit zurückreichende Tradition. Erzherzog Johann erwähnte schon um 1830 für das Hochschwabgebiet die unbedingt notwendigen Sulzen, und zwar an fast unzugänglichen Plätzen, sowie auch Wildfütterungen für Rot- und Rehwild. Das Rotwild, das früher fast ausschließlich von Berufsjägern betreut wurde, war bei den Fütterungen sehr vertraut. Es gab kein Revier, in dem die Hirsche ab etwa dem fünften Kopf keine Namen hatten. Vertrautes Wild während der Winterzeit war und ist die Visitenkarte der Jäger. Ein gefühlvoller Umgang mit Wild, der sich lohnt und an den Waldschäden widerspiegelt. Mir waren die Jäger immer wesentlich sympathischer, die das Wild mit leidenschaftlicher Freude beobachten konnten, ohne auch nur einen einzigen Gedanken an das Schießen zu verschwenden. In heutiger Zeit ist vertrautes Wild bei den Fütterungen eher unerwünscht, man nennt das eine Verhausschweinerung, Domestizierung oder Streichelzoo, was mit Jagd nichts mehr zu tun hätte. Wahrscheinlich wird man bei der Bejagung hemmungsloser, wenn man dem Wild nicht allzu nahesteht. Mir jedenfalls war ein vertrauter Kontakt zum Wild und eine gefühlvolle Jagd unvergleichbar lieber. Ich bin überaus glücklich, genau diese Zeit von Kindheit auf erlebt zu haben und es war für mich immer faszinierend, frei lebendem Wild ganz nahe zu sein.

Seite 148: Bilder links oben: Jäger Mandl bei der nach ihm benannten Fütterung in Waldsiedel. Mandl war früher ein gefürchteter Wilderer und wurde am Brandhof als Berufsjäger eingestellt. Er wurde bekannt durch seinen besonderen Umgang mit Rotwild. Hirsche waren bei seiner Fütterung so vertraut, dass sie Brot aus seinem Mund annahmen. Dass Rotwild zu dieser Zeit nicht nur aus Hunger so vertraut war, ist auf den Bildern klar ersichtlich. Es gab sogar verschiedene Ansichtskarten von Jäger Mandl und seinem Rotwild. Regelmäßige Pferdeschlittenfahrten von Mariazell aus nach Waldsiedel zum Wildschauen waren damals sehr begehrt.

Links unten: Mein Vater 1937 bei der Fütterung am Brandhof mit einem Hirschkalb, Wildfütterung in Terz bei Mariazell um 1900.

Seite 149: Oben links: Ofö. Eisbacher bei seiner über alles geliebten Fütterung in Rotmoos, er war wahrscheinlich einer der letzten Förster in dieser Gegend, der Wald und Wild als eine Einheit betrachtete. Leider kam er tragischerweise ums Leben.

Links unten meine Kinder Martina, Christian und Markus beim Füttern.

Rechts oben und rechts unten ich mit meinen Hirschen in der Höll

Schälschaden durch verhungerten Hirsch –in der Mürz nahe der Präsidentenvilla

Die Veränderung der Wildbewirtschaftung

Der Winter 2019 hat mit seinen enormen Schneemengen hier um den Hochschwab deutlich aufgezeigt, was in den letzten Jahren in der Wildbewirtschaftung schiefgelaufen ist. Die Wildfeindlichkeit der Staatsforste ist ja schon seit vielen Jahren hierzulande kein Geheimnis. Dazu hat man noch vor einigen Jahren gezielt begonnen, großflächig sämtliche Rehfütterungen und auch viele Rotwildfütterungen einzustellen. Es gibt hier beim Forstbetrieb Öbf. Gußwerk und Gem. Wien Wildalpen auf viele, viele Tausend Hektar keine Rehfütterungen mehr. Obwohl Rehwild den Abschussnehmern oder Pächtern für teures Geld angeboten wird, lässt man es besonders in solchen Wintern wie 2019 einfach verhungern. Gefüttert werden die Rehe hier nur mehr von den wenigen angrenzenden Großgrundbesitzern oder von den Bauern, die den Bezug zu Wild noch nicht verloren haben. Trotz der immer milder werdenden Winter ist durch diesen Futterentzug ein Großteil der Rehe, die sich auf diese jahrzehntelang bestehenden Fütterungen verlassen hatten, einfach unbemerkt von der Öffentlichkeit elend verhungert. Viele geschwächte sowie halb verhungerte Rehe sind bei den Häusern in den kleinen Ortschaften futtersuchend aufgetaucht. Privatleute, die sich ihrer erbarmten, wurden mit Anzeigen bedroht und die Forstverwaltung Öbf. Gußwerk ermahnte die Bevölkerung im Gemeindeblatt: „Durch falsche Fütterung können große Schäden entstehen.“ Den Pächtern wurde eigenständiges Füttern der Rehe unter Androhung, sofort die Jagd zu verlieren, verboten. Die wenig verbliebenen Rotwildfütterungen werden von den Bundesforsten selber, aber nicht sehr wildfreundlich betreut mit dem Ziel, diese in den nächsten Jahren einfach einzustellen. Da wir dem Rotwild die Wintereinstände in den Niederungen genommen haben, sollte eigentlich selbstverständlich sein, dass wir für die Verpflegung während der Winterzeit verantwortlich sind. Es wurden auch eine Menge Rotwildfütterungen, die schon seit vielen Jahrzehnten bestehen, einfach aufgelassen. Das Rotwild sucht vergebens in dieser gewohnten Umgebung nach Futter und wird durch die Schneemengen in die Nähe von Flüssen und Straßen gedrückt, wo es vor sich hin vegetiert, angefahren wird oder verhungert. Forstbeamte, die täglich vorbeifahren, kümmert das nicht. Von den Ortsbewohnern, die diese Tragödien mitbekommen, hört man die unglaublichsten Geschichten, aber keiner will genannt werden, denn der Großteil ist in irgendeiner Weise von den Großbetrieben Öbf. Gußwerk und Gem. Wien abhängig und will unbedingt anonym bleiben. Leider ist auch schon bei einigen privaten Großgrundbesitzern diese extreme Wildfeindlichkeit zu beobachten. Die wenigen Rotwildfütterungen-Wintergatter, die hier bei den Bundesforsten noch bestehen, werden sehr zweifelhaft bewirtschaftet. Durch die vielen Kleinreviere, die wiederum von vielen Ausgehern besetzt sind, ist der Jagddruck das ganze Jahr über enorm hoch. Zusätzlich werden noch Treibjagden mit frei jagenden Hunden und hohem Personenaufwand auch auf den Hochflächen abgehalten. Der Erfolg ist meist gering und nicht sehr rühmlich. Durch diese großflächige Beunruhigung auch in den Futtereinständen meidet das Rotwild die Fütterungen und Wintergatter. Noch dazu wird Futter angeboten, das oft minderwertiger ist als jenes, das die Winter in diesen Gebirgslagen für das Rotwild hergeben. Das Raufutter für Siloballen wird oft auf ungepflegten sowie nicht gedüngten Wiesen erst gegen Ende August geerntet. Ich selbst beobachtete, dass Flächen geerntet wurden, in denen Wildschweine gewütet hatten, und danach wurde das Futter in Siloballen verpackt. Dass sich das Wild am Futterplatz wohlfühlt und auch tagsüber vertraut Futter aufnimmt, darauf wird nicht mehr Wert gelegt. Dafür sind die Einstände im Gatterbereich restlos und katastrophal geschält. Dieser Winter mit enormer Schneemenge hatte für das Wild in den besagten Wintergattern den Vorteil, dass die schon restlos geschälten Stämme auch oberhalb von vier Meter Höhe Rinde zum Überleben freigaben. Obwohl Wintergatter durchaus ihre Berechtigung haben, Voraussetzung ist natürlich der fachgerechte Umgang mit dem Wild. Dass Schälen durch langjährig erfahrene Rotwildbewirtschaftung fast zur Gänze auszuschließen ist, scheint hier niemanden mehr zu interessieren. Durch all diese Missstände wird Rotwild erzogen, diese Fütterungen zu meiden und auf witterungsbegünstigten Plätzen zu überwintern. Logischerweise gibt es dann in den Kulturen Hungerschälschäden. Daraufhin werden

Fast 200 Jahre an die Fütterung gewöhnt – nach der Auflassung verhungert das Rotwild in den Flüssen qualvoll

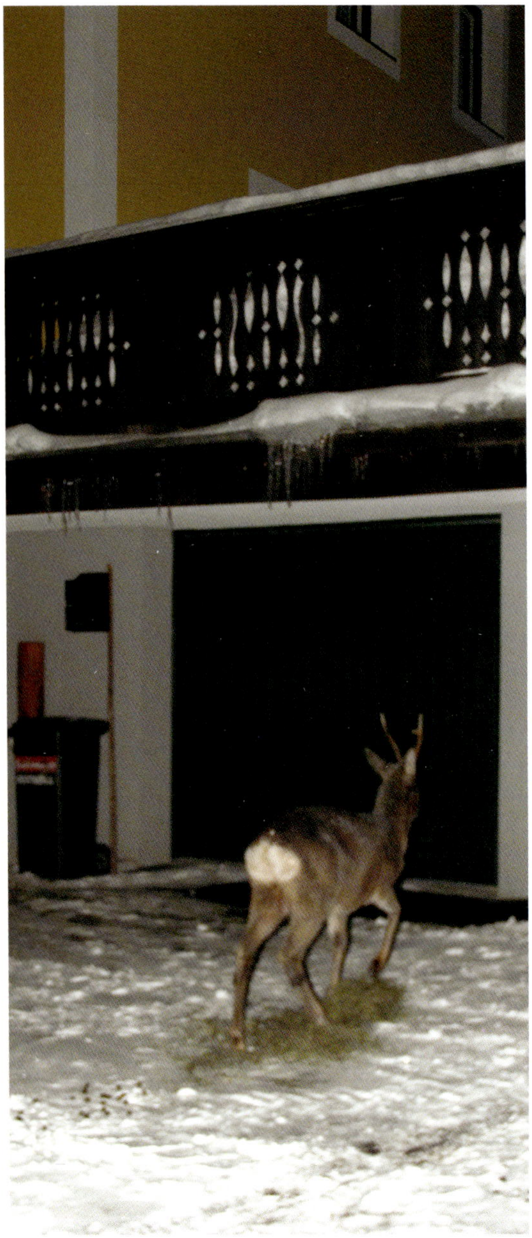

Rehwild im meterhohen Schnee und hilfesuchend bei den Häusern

Notzeitabschüsse beantragt, die auch von den Behörden genehmigt werden. Ich habe auch beobachtet, dass Hirsche tagsüber im Februar an schneefreien Plätzen beschossen werden, um sie zu vertreiben, oder auch bei hohem Schnee aus Monokulturen ausgetrieben werden. Das hat sich der König unserer Wälder und das Symbol der hohen Jagd, das auf fast jedem Jägerhut zu finden ist, nicht verdient. Leider deutet alles darauf hin, dass das letzte Stück Rotwild erschossen werden muss, um keine Schälschäden mehr vorzufinden, und das in einem ehemaligen Rotwildkerngebiet, wo der Jagdschutzverein geboren wurde. Für das Rotwild ist die momentane Lage unwürdig. Ich bin mit Rotwild aufgewachsen, war über dreißig Jahre Berufsjäger, aber ich habe noch nie so abgemagertes und elend zugrunde gegangenes Rotwild gesehen wie im Winter 2019. Ein Anblick zum Kotzen. In einer Wohlstandszeit, wo im Bereich von Forst und Jagd noch nie dagewesene technische moderne Mittel verwendet werden, lassen wir dieses edle Wild, dem wir den Lebensraum genommen haben, einfach im Winter verrecken. Das wenig verbliebene Rotwild, das in den Monokulturen um sein Leben kämpft, wird an solchen Wintern wesentlich mehr Schälschäden anrichten als eine hoch bestückte, gut betreute Rotwildfütterung. Ich habe schon in den Achtzigerjahren bei den Bundesforsten Treibjagden bei hohem Schnee in den Einständen erlebt, wonach das Rotwild tagelang die Fütterung aus Angst nicht mehr aufsuchte. Mir war schon damals klar, dass dies bewusst gesteuert war, und das hat sich bis heute anscheinend nicht geändert. So wird es niemals funktionieren, wenn man Rotwild kleinflächig das ganz Jagdjahr über (neuerdings auch immer öfter in der Notzeit) von Hobbyjägern schonungslos bei jeder Begegnung bejagt. Im Winter eine minderwertige Betreuung anbieten und dann noch darauf hoffen, dass es keine Schäden gibt. Warum greift man nicht auf die jahrzehntelangen Erfahrungswerte zurück und bietet dem Rothirsch einen dementsprechenden würdigen Lebensraum an?

Es gibt ja in Österreich „noch“ hervorragende, meist privat geführte Rotwildreviere. Man weiß auch, dass zum Schälen erzogenes Rotwild nur sehr schwer und langfristig zu korrigieren ist. Wenn es das Ziel der Bundesforste ist, freilebendes Wild auch hier im Bergland nicht mehr zu füttern, wird Rotwild hier in einigen Jahren kaum mehr vorkommen.

- schlecht betreute Fütterungen mit enormen Schälschäden
- selbstständig überwinterndes Rotwild mit Schälschäden
- das Wild wird bei hohem Schnee aus den Kulturen ausgetrieben
- trotz Notzeitabschüssen weitere Schälschäden.

In einer außergewöhnlichen Wohlstandszeit vom Menschen im Stich gelassen: das Symbol der Jagd

Ohne dass hier jemand genau hinterfragt, will man mit solchen selbstverschuldeten Argumenten beweisen, dass Rotwild in der modernen Forstbewirtschaftung nicht mehr tragbar ist. Eine treffende Aussage eines ansässigen Bauern über das Futter eines staatlichen Wintergatters: „Wenn ich meine Rindviecher so füttern würde wie die ihr Rotwild, sperrt mir die EU den Betrieb.“ Wirksame Aufklärer in der heutigen Zeit sind die Medien, die der Bevölkerung, die ja auch Besitzer dieser Staatswälder sind, diese Missstände immer wieder aufzeigen. Aber den Hauptanteil dieser Missstände könnten die Jagdpächter sowie Abschussnehmer regeln und solche Reviere unter diesen miesen Bedingungen für unser heimisches Wild geschlossen nicht mehr pachten. Wie es diesen Pächtern oder Abschussnehmern solcher Reviere zu Hause in der warmen Stube geht, während ihr Wild in der Umgebung der nicht mehr beschickten Fütterungen im Schnee erstickt und elendig verhungert, ist für mich absolut unverständlich. Was für ein krasser Gegensatz; als mein Großvater und mein Vater als Berufsjäger in der Winterzeit mit unglaublichem Einsatz, der oft bis an die Grenze des Möglichen ging, das Wild ohne motorische Hilfsmittel in den entlegensten Gräben täglich und oft bei enorm hoher Schneelage nur auf Skiern versorgten. Heute wäre das finanziell und mit den unzähligen technischen Fahrzeugen unvergleichlich einfach, ja fast spielerisch, nur hält man es nicht mehr für notwendig. Was hat der Wohlstand bloß aus uns Menschen gemacht?

Halter Michl auf der hinteren Hütte

Die alte blitzgefährdete hintere Hütte

„Almbewirtschaftung" auf der Staritze, Halter „Michl"

Michl Oberfeichtner, geboren 1895 in Gußwerk, war von 1921 bis 1961 vierzig Sommer mit bis zu 230 Stück Vieh Halter auf der Staritze, davon vier auf der vorderen und sechzehn Jahre auf der hinteren Alm. Wahrscheinlich ist es bei ihm genauso wie bei meinem Vater: Es hat vorher keinen gegeben und es wird auch keinen mehr geben, der so viel Herzblut und Verbundenheit zu dieser wunderschönen Alm aufbrachte und auch so viele Sommer als Halter oben verbracht hat. Ich kann mich noch dunkel daran erinnern, wie Michl mit seiner Haflingerstute durch die Steinschale auf die Alm fuhr. Wahrscheinlich war das auch unter anderem ein Grund, dass ich immer einen Haflinger wollte. Man erzählte immer, wenn er in Wegscheid bei der Bärbl im Gasthaus war und anschließend den Pferdewagen mit seiner Haflingerstute „Gitti" bestieg, kam es schon vor, dass er nach kurzer Zeit einschlief. Die Stute wusste ganz genau ihren Weg und blieb erst nach dem anstrengenden, nicht ungefährlichen Weg bei der Halterhütte stehen. Auf der hinteren Alm stand die Halterhütte bis in die Fünfzigerjahre oberhalb vom Klausboden und war extremen Witterungsbedingungen ausgesetzt. Michl musste öfter bei starken Gewittern die Hütte fluchtartig verlassen und in den darunterliegenden Gräben Schutz suchen. Er erzählte auch von einem verheerenden Gewitter mit marschanskeräpfelgroßem Hagel, der der Hütte sehr zusetzte und dem Weidevieh, das zu spät in Deckung kam, große Beulen am Rücken bescherte. Das Eis lag drei Tage auf der gesamten Alm. An vielen Fichten wurden vom Hagel die Äste heruntergeschlagen und es wurde ein Großteil der Weide komplett zerstört. Besonders die hintere Alm ist sehr blitzgefährdet. 1928 hatte Michl elf Ochsen durch einen Blitzschlag verloren. Diese Halterhütte ist später durch einen Blitzschlag abgebrannt und wurde unterhalb an einem sicheren Platz neu gebaut.

Alte Berufsjäger haben immer davon gesprochen, wie blitzgefährlich die Hintere Staritze sei – besonders die Gewehre und Metallteile an den Rucksäcken seien stark mit Strom geladen. Diese Erfahrung durfte ich auch machen, als ich in den Achtzigerjahren im Hochsommer mit einem spanischen Jagdgast im Bereich vom Brandstein und Auertal unterwegs war. Überraschend zog ein gewaltiges Gewitter auf, das wirklich nach Weltuntergang aussah. Schwere Gewitter und deren Lichtspiele auf dem Hochplateau hatten mich immer schon fasziniert und ich verbrachte einige im sicheren Schutz der Latschen. Der spanische Graf bekam aber panische Angst und wollte unbedingt so schnell als möglich zum Auto. Das schützende Gefährt stand aber im noch etwas entfernten Fadental und so eilten wir eben durch das tobende Gewitter. Ein alter Berufskollege erzählte mir einmal schmunzelnd, dass bei extremen Blitzen die Schnallen beim Rucksack auf der Hochfläche vom Brandstein Funken sprühen würden. Ich dachte dabei eher an Jägerlatein, aber in diesen Momenten spürte ich doch recht deutlich die elektrische Spannung in meinem Rücken. Der spanische Gast mit seinem Gewehr wurde immer blasser und hastete etwa zehn Schritt gebückt hinter mir her, als plötzlich in unmittelbarer Nähe der Blitz einschlug. Meine Hündin jaulte laut auf und auch ich war kurz benommen durch diesen lauten, ohrenbetäubenden Knall. Als ich mich umsah, lag der spanische Graf auf dem Boden und erst nach einer kurzen Bewusstlosigkeit konnte er wieder aufstehen. Er war nicht weiß, sondern eher grün im Gesicht, und während der etwa 15 Minuten langen Fahrt zur Hütte war er sprachlos und sichtlich geschockt. Nach drei Stunden Aufenthalt in seinem Zimmer im Jagdhaus hat er sich wieder einigermaßen erholt. Am nächsten Tag wollte ich unbedingt wissen, wo es eingeschlagen hatte, und fand auch die völlig zersplitterte Lärche in etwa dreißig Meter Entfernung, wo wir uns befunden hatten. Vermutlich hatten wir großes Glück gehabt.

Die auf einem sicheren Platz neu gebaute hintere Staritzenhütte

Schweres Gewitter auf der hinteren Alm

Die erste motorisierte Fahrt auf die Hintere Staritze über die gefährliche und unberechenbare schmale Straße über den Ochsenbüchl mit dem Kettenkrad am 2. 7. 1950

1939: Traditioneller Viehaufputz, der Stolz der Senner, das Vieh ohne Verluste im Herbst wieder ins Tal zu bringen

Die Kuhalm voller Vieh

Vordere Staritze: rechts die Gleißnerhofhütte, die jetzige Halterhütte, und links die Wastelbauerhütte. Sennerin beim Schweinefüttern um 1930

Geschmückte Heimkehrer

Die Kuhalm 16. Juli 1940

Halter Michl und Halterbub Prammer, Almauftrieb von Scheibbs bis auf die Staritze, Zwischenstation beim Poldlbauer in der Rasing, 4. bis 7. Juni 1940

Die Kuhalm, Kogelbauer-Franzbauer und Nutzhütte

Viehtrieb über die Steinschale

Viehtrieb von Scheibbs auf die Staritze, Rast beim Poldlbauer in der Rasing

Ursprünglich gab es auf der Staritze zwei Senner, einen auf der Vorderen und einen auf der Hinteren. Die Kuhalm, die genau in der Mitte liegt, wurde ab etwa der Zwanzigerjahre von den verbliebenen fünf Servitutsbauern aus der Umgebung selbstständig bewirtschaftet. In jeder der damals noch vorhandenen sechs Hütten dieser Bauern, die mit Kühen und Schweinen bewirtschaftet wurden, war eine Sennerin. Damals wurde die gesamte Alm mit über 500 Stück Vieh beweidet. Das zu dieser Zeit noch viel leichtere und geländegängige Vieh nutzte auch noch Flächen, die heute kaum mehr beweidet werden oder auch zugewachsen sind. Michl erzählte von den frühmorgendlichen Viehgängen, aber auch von den abendlichen, die unbedingt notwendig seien, um das gesamte Vieh täglich überhaupt zu sehen und sicher über den Sommer zu bringen. Die alten Halter waren auch davon überzeugt, dem Vieh durch ihre ständige Anwesenheit und vor allem durch den Geruch der beheizten Hütte eine gewisse Sicherheit sowie Ortsgebundenheit zu vermitteln. Die Alm wurde nur einmal in der Woche verlassen, um Einkäufe und eine gründliche Körperpflege zu erledigen, ansonsten hatte ein Senner auf der Alm zu sein. Ein guter Halter braucht schon von Natur aus eine besondere Begabung, die nicht einfach so zu erlernen ist. So viel Vieh wie auf der Staritze nicht nur zu beaufsichtigen, sondern jedes einzelne auch zu erkennen und dem richtigen Besitzer zuzuordnen ist schon eine besondere Herausforderung. Michl klagte schon Ende der Fünfzigerjahre, es seien kaum noch gute Halterbuben zu finden, die das Vieh auch wirklich kennen. Auch der Ausschank stand nicht so im Vordergrund wie heute - wenn der Halter beim Vieh war, was doch sehr viel Zeit beanspruchte, gab es eben in der Hütte keine Bewirtung. Auf der vorderen Alm haben die Bundesforste das Weiderecht und auf der hinteren die Bauern aus der Umgebung. Um die hohe Weideviehstückzahl für diese große Alm aufzutreiben, wird bis heute zum größten Teil von Scheibbs und Umgebung Vieh aufgenommen. Da gibt es Bauern, die schon weit über hundert Jahre auf die Staritze auftreiben. Bis Mitte der Fünfzigerjahre wurde das gesamte Vieh innerhalb von drei Tagen von

Scheibbs bis auf die Staritze getrieben, in späteren Jahren wurde es mit der Bahn nach Gußwerk gebracht und von da durch den Brunngraben und über die Steinschale auf die Alm getrieben. Vater hat oft erzählt, dass viele der Ochsen im Frühjahr beim Auftreiben so dürr waren, dass man alle Rippen sehen konnte, aber bis zum Herbst hatten sie so gut zugenommen, dass sie kaum wiederzuerkennen waren. In heutiger Zeit ist es eher umgekehrt: das wohlgenährte, kugelrunde Vieh, das mit Lastwägen ins Turntal gebracht wird und im Vergleich zu früher nur einige Kilometer getrieben wird, verliert erst einmal an Gewicht, bis es oben angelangt ist. Das viel schwerere Vieh von heute wäre gar nicht mehr in der Lage, so weite Strecken zurückzulegen. Da die Almbewirtschaftung trotz der modernen Zeit sehr schwierig zu finanzieren ist, ist es den Förderungsgeldern der EU zu verdanken, dass die Bauern diesen Aufwand überhaupt noch auf sich nehmen und die Almen bewirtschaften. Wahrscheinlich gäbe es ohne diese Hilfen viele Almen so nicht mehr. Ab Ende der Fünfzigerjahre wurde die Staritze nur mehr mit einem Halter bewirtschaftet, der in etwa Vier-Wochen-Abständen von der vorderen auf die hintere und wieder zurück wechselt. In heutiger Zeit wird teilweise vom Tal aus abwechselnd zu dritt das Vieh betreut. Die Weideviehanzahl beträgt immer noch über 300 Stück.

Dürre Ochsen beim Auftrieb durch die Steinschale

Sennerin Berta und die Frau vom Halter Michl auf der Kuhalm 1920, dahinter die Franzbauerhütte und ehemalige Meran-Jagdhütte

Großmutter, 1934

Meine Großmutter „Anna Greifensteiner-Dietl“

war um 1920 einige Jahre Sennerin in der Franzbauernhütte und auch ihr Halbbruder Kilian war hier bis 1954 Schweitzer. Kilian war damals bekannt für seine Fähigkeiten als Viehheiler und seinen besonderen Umgang mit allen Haustieren. Jede Sennerin hatte ihre Kühe zu versorgen und auch Schweine, Hühner und Ziegen waren mit auf der Alm. Es wurde früh am Morgen, abends und meist auch zu Mittag auf der Weide gemolken, um die Kühe nicht von den Weideplätzen zu holen. Großmutter erzählte oft von den randvollen Milchbutten, die ihren Rücken formten, und schweren Eimern, die sie über die weiten, endlosen Almböden trug. Wenn alle Behälter mit Milch voll waren, nahm sie meistens noch einige Kühe mit zur Hütte, um sie dort zu melken. Wahrscheinlich hat meine Großmutter hier auf der Staritze auch meinen Großvater Adam Breitler, der Jäger beim Grafen von Meran war, kennengelernt, von dem sie zwei ledige Töchter bekam. Die Butter von der Kuhalm wurde damals mit dem Pferdefuhrwerk nach Gußwerk gebracht. Der Name „das Totenkammerl“, eine der gefährlichsten Stellen am Weg auf die Staritze, stammt von einem Fuhrwerksabsturz. Vor mehr als 150 Jahren stürzte ein Wagen fast senkrecht über 100 Meter in die Tiefe, was für alle tödlich endete. Genauere Angaben gibt es dazu keine mehr.

Die Sennerinnen auf der Kuhalm 1920, meine Großmutter, die 4. von links

Einige Jahre war die Franzbauerhütte Großmutters Arbeitsplatz. Ursprünglich war diese Hütte das Jagdhaus und man erzählte, dass der Franzbauer die Hütte dem Grafen von Meran vom Brandhof um fünf Kilo Butter abgekauft hatte.

Bildmitte: der hintere Halter Michl, rechts daneben Mutters Onkel Kilian (er war viele Jahre Schweitzer in der Franzbauerhütte und auch ein Jahr in der Nutzhütte), links der vordere Halter und langjährige Almmeister Viktor Teubenbacher und ganz außen links sowie rechts zwei seiner Söhne

Vordere Halterhütte, ehemalige Gleißnerhofhütte, um 1920, im Hintergrund die Hohe Weichsel im Hochschwabmassiv

Holzzuschneiden noch mit der Zugsäge für die neue hintere Halterhütte

Innenhof der Poldlbauerhütte auf der Kuhalm.

„Das Verschwinden einer Sennerin“

Die Sennerinnen von der Kuhalm 1919, meine Großmutter ist die Zweite von links, sitzend

1949 ist eine Sennerin am Weg von der Staritze zurück zu ihrer Hütte auf die Graualm spurlos verschwunden. Sie hatte eine Kollegin auf der Kuhalm besucht und wollte danach den Steig über den Kastenriegel auf die Graualm gehen. Daraufhin wurde sie nie wieder gesehen. Ein Zeuge, der sich in der Umgebung der Vorderen Staritze aufhielt, hörte angeblich einen kurzen grellen Schrei. Ihr Verschwinden wurde erst drei Tage danach am Gendarmerieposten Wegscheid gemeldet. Einige junge Männer aus der Umgebung wurden schwer verdächtigt. Sogar zehn Jahre später wurde ein Mann aus Gollrad wieder einvernommen, doch es konnte niemandem etwas bewiesen werden. Viele Jahre später wurde in dieser Umgebung ein Frauenschuh gefunden, worauf man vermutete, dass er der Sennerin gehörte. Um die Jahrhundertwende wurde wieder Anzeige erstattet, doch ohne Erfolg. Sechzig Jahre später gestand angeblich ein Mann am Sterbebett, dass er der jungen Sennerin, die von ihm schwanger war, nachgeschlichen sei und sie auf dem Weg zur Graualm über eine Felsmauer gestürzt hatte. Er selber sei damals unmittelbar nach ihrem Verschwinden für lange Zeit nach Kanada ausgewandert, unverständlicherweise kam das keinem verdächtig vor. Der feige Mörder konnte zwar mit der Schuld leben, aber vor dem Sterben wollte er sein Gewissen erleichtern und bescherte wahrscheinlich seinen ahnungslosen Angehörigen eine schwerwiegende Last. Mitte der Siebzigerjahre ist eine weitere Frau auf der Staritze verschwunden und so bekam diese Alm den zwielichtigen Ruf des „Frauenverschwindens“. Weidebauern aus der Scheibbser Gegend suchten im Auertal bei schlechtem Wetter nach ihrem Vieh und ließen die alte Bäuerin im Nebel zurück. Sie sollte an einem sicheren markanten Platz warten. Doch irgendwie wurde der Bäuerin die Wartezeit anscheinend zu lange und sie ging bei dichtem Nebel und aufkommender Dunkelheit völlig orientierungslos in die falsche

Richtung. Als sie wahrscheinlich irgendwann nach verzweifeltem Irrweg durch unwegsames Gelände aus großer Entfernung durch ein Nebelloch im Tal Licht sah und vermutlich dieses auch erreichen wollte, stürzte sie über eine hohe Mauer in die Höll. Die irreführenden Lichter kamen aus Weichselboden und Sepp Schober, der damalige Jäger von der Höll, hat die Bäuerin beim Salztragen im darauffolgenden Jahr oberhalb der Barbarakapelle gefunden. Der stark verweste Leichnam war vom Geröll schon fast verschüttet und wäre vermutlich in nächster Zeit für immer verschwunden. 1983 war ich bei einer Suchaktion auf der Staritze dabei und wieder wurde eine Frau gesucht. Diese Frau aus Gußwerk hatte mit einer Freundin eine Wanderung vom Kastenriegel durch den Elendgraben auf die Hintere Staritze zu einem Almfest unternommen. Irgendwann, nicht weit vom Ziel entfernt, wurde der Frau schlecht und sie blieb alleine zurück, um sich zu erholen. Kurz darauf zog ein Gewitter mit Nebel auf. Wahrscheinlich kam in ihr Panik hoch, sie verfehlte den markierten Steig und ging auch total in die falsche Richtung. Die Suchaktion musste wegen weiterer Gewitter während der Nacht abgebrochen werden. Am nächsten Tag hörte man Hilferufe in Greith von der Papstmauer, wo man sie verletzt bergen konnte. Auch ihr ist es ähnlich ergangen: sie hat die Orientierung völlig verloren und später die Lichter in Greith gesehen. Doch sie hatte Glück: sie rutschte nur ein Stück ab, blieb hängen und konnte nicht mehr vor oder zurück. Die Frau musste eine entsetzliche Nacht an dieser gefährlichen Stelle verbringen und hat einen schweren, bleibenden Schock davongetragen.
Auch ich machte so meine Bekanntschaft mit der Orientierungslosigkeit bei Nacht und Nebel, doch ich hatte den Vorteil, mich wirklich gut auf der Staritze auszukennen. Einige Male ging ich längere Strecken in völliger Finsternis über die Alm durch dichten Nebel und wusste nicht wirklich, wo ich

mich gerade befand – erst als ich an Stellen vorbeikam, die ich aus kürzester Entfernung fast schon durch Ertasten erkannte. Meinen Jagdgästen ließ ich zu ihrer Beruhigung meistens nicht wissen, dass auch ich absolut keine Ahnung hatte, wo wir uns gerade befanden. Doch ich liebte diesen Kick der Orientierungslosigkeit und forderte es immer wieder einmal heraus.

1985 hatten wir während der Hirschbrunft einen alten Hirsch am Rotriegel in der Nähe vom Auertal bei der Abendpirsch geschossen. Bis der Hirsch aufgebrochen und versorgt war, ist ein überaus dichter Nebel aufgezogen, der noch verstärkt wurde durch das Einbrechen der Dunkelheit. Ich ging vom Erlebten noch völlig in Gedanken versunken mit meinen zwei Gästen, einem Grafen aus Südtirol und einem Forstwart aus Salzburg, den Hahnkogel hinauf zum Klausboden, als ich bemerkte, dass ich meine Hand auf einen halben Meter vor meinen Augen nicht mehr erkennen konnte. So ging ich minutenlang dahin und versuchte, irgendwelche Anhaltspunkte zu ertasten, als ich plötzlich einen steilen Abgrund direkt vor uns erkannte, der nicht zu unserem Heimweg passte. Also sind wir bei dieser Finsternis fast im Kreis gegangen, ohne es auch nur im Geringsten zu bemerken. Ich hatte von diesem merkwürdigen menschlichen Verhalten öfters gelesen und jetzt auch noch selbst diese Erfahrung gemacht: ich war fasziniert. Inzwischen waren meine beunruhigten Begleiter auch dahintergekommen, dass wir uns total verlaufen hatten. Im leichten Anflug von Panik schlug jeder der beiden vor, in eine andere Richtung zu gehen. Ich ließ mich nicht beeinflussen und suchte ganz langsam tastend Schritt für Schritt nach markanten Anhaltspunkten, um mich wieder einigermaßen zu orientieren. Als wir in eine etwas tiefere Lage kamen, mit mir bekannten Altfichten, wurde die Sicht auf den Steig um eine Spur besser und wir erreichten nach etwa einer Stunde, um eine Erfahrung reicher, unser Auto im Fadental.

Der Ochsenbüchl mit seinen übergroßen Schneewechten wurde öfters als ausgehöhlter Kühlschrank für in Not geschlachtetes Vieh verwendet. Bild oben in den Vierzigerjahren und unten 1986

Halter „Friedl“

Friedl in blauer Jacke, der Zweite von rechts, ganz links mein Vater und ich

Als Nachfolger von Halter Michl kam 1962 Friedl Gassner auf die Staritze. Friedl war ein ausgezeichneter Viehkenner, aber leider auch dem Alkohol sehr zugetan. Gegen Ende der Sechzigerjahre gab es enorme Windwurfschäden auf der Staritze, die zum Großteil von Kärntner Holzarbeitern aufgearbeitet wurden, und da wurde in der Halterhütte oft ziemlich lautstark und heftig gebechert. Von berührendem Almliedergesang war zu dieser Zeit auf der Staritze nichts zu hören. Auch mit der Reinlichkeit beim Ausschank hatte es Friedl nicht so genau genommen. Im Alter von etwa 10 Jahren saß ich einmal mit seinen Kindern im Vorbau der Halterhütte, zwei seiner Söhne, die etwas jünger waren als ich, hockten gegenüber von mir auf dem Wasserbassin und ließen ihre Füße in das gespeicherte Regenwasser hängen. In der Hütte war ausgelassene Stimmung und alle hatten Durst. Friedl kam mit einem großen Krug aus der Hütte, schöpfte Wasser aus dem Bassin, in dem sich die Kinder ihre Füße kühlten, und richtete damit Almdudler für seine durstigen Gäste. An eine weitere lustige Geschichte mit dem Halter Friedl kann ich mich auch noch erinnern: Es war im Sommer 1969, als Friedl, schon sehr angeheitert, mit seinem blauen Puch-Moped bei uns in der Steinschale ankam und sich erkundigte, ob wir Vieh gesehen oder gehört hätten. Zehn Stück würden ihm abgehen, und da wir von seinem Vieh nichts wussten, blieb er bei uns in der Küche sitzen und war von der Flasche Wein nicht mehr wegzubringen. Mir als Elfjährigem war dieses Geschwätz zu langweilig und so vertrieb ich mir die Zeit im Hof, als ich plötzlich von Weitem in Richtung Turntal einige Kuhglocken hörte. Übereifrig lief ich in die Küche, um es dem Friedl zu verkünden. Es brauchte schon eine Zeit, bis der angeschlagene Halter vor die Haustür kam und sein Vieh überhaupt sah, das schon aus dem Wald auf die Egger Keusche zukam. Friedl eilte zur Linde vorm Haus, ab der es einen ziemlich steilen Abhang in der Länge von etwa 150 Meter bis zum Teubenbacherhaus gab. Er bildete sich in seinem Rausch ein, dass hier vor dem Abgrund ein Zaun wäre. So hielt er sich beim nicht vorhandenen Zaun am oberen Draht fest und stieg gebückt ganz vorsichtig durch. Als er das geschafft hatte und sich wieder langsam aufrichtete, ließ er den Luftzaun los und kullerte den ganzen Abgrund fast bis zum Teubenbacherhaus hinunter.

Flink war ich zur Stelle und habe das Vieh aufgehalten, das auf dem Weg, den es vom Auf- und Abtreiben bestens kannte, in Richtung nach Gußwerk war. Irgendwie hatte es auch Friedl geschafft, stolpernd auf die Beine zu kommen, und so haben wir die Ausreißer rasch wieder in Richtung Staritze geleitet. Ziemlich schnell sind sie wieder auf den Weg ins Turntal verschwunden und der wieder etwas in die Gänge gekommene Halter mit seiner Puch hinterher.
Das Almleben hat mich schon seit meiner frühen Kindheit begeistert. Ich war oft beim Übertreiben von der vorderen auf die hintere Alm dabei. Mit der Zeit hatte ich mir auch eine stattliche Kuhglockensammlung angelegt, von der mir mein Vater viele zum Teil schon sehr verrostete Stücke, die er auf der Alm gefunden hatte, mitgebracht hat. Aber auch vom Halter bekam ich einige geschenkt für das Aufpassen auf entlaufenes Almvieh, das ich in der Steinschale aufhielt und versorgte, bis er es wieder abholte. 1972 gab es einen Vorfall mit einem verschwundenen Vieh, und Friedl kam in Verdacht, daran beteiligt zu sein. Viele Bauern weigerten sich, weiter Vieh aufzutreiben, und so waren 1973 nur 100 Stück Vieh auf der Alm. Das Jahr darauf wechselte Friedl die Alm und war bis ins hohe Alter am Herrnboden Halter.

Der Halter „Priller Fredl“

Anna und Fredl

Der Nachfolger von Friedl war Alfred Priller: er war ein sehr ruhiger und eher wortkarger, aber auch ein ausgezeichneter Halter. Anfangs ist es immer schwierig, sich auf so einer großen Alm mit 350 Stück Vieh einzuarbeiten, aber Fredl hatte schnell den Überblick geschafft und er war 11 Sommer auf der Staritze ein würdiger Halter. Seine Frau Anna war um zehn Jahre älter als er, sie begegnete mir öfter an den schwierigsten Stellen des Weges auf die Alm mit ihrem Puch Haflinger. Meistens stieg sie total aufgeregt aus ihrem Auto und bat mich, ihren Haflinger an eine sicherere Stelle zu bringen, um aus der heiklen Situation zu kommen. Meine Frau und ich besuchten Anna manchmal in ihrem Haus in Mariazell, sie wurde fast hundert Jahre alt. Ich hörte ihr sehr gerne zu, wenn sie aus ihrem spannenden sowie berührenden Leben erzählte. 1983 wäre Fredl fast bei einem seiner Viehgänge auf der Staritze ums Leben gekommen. Er erlitt einen Magendurchbruch und wurde trotz schlechtem, nebeligem Wetter zufällig von dem einzigen Touristen, der an diesem Tag unterwegs war, gefunden. Fredl hat diesen Durchbruch nur knapp überlebt und war nach der Staritze noch viele Jahre auf der Feldwies Halter. Leider ist er viel zu früh während eines Weideganges auf dieser Alm verstorben.

Halter „Hubert Grünschachner“

Hubert hat 1986 die Staritze übernommen und wir haben uns von Anfang an sehr gut verstanden. Es war mir immer eine Freude, ihn irgendwo auf der Alm zufällig zu treffen und ausgiebig zu tratschen. Ich habe ihm auch einige Male beim Viehtreiben geholfen. Es war einfach ein Zusammenarbeiten, wie man es sich zwischen Jäger und Halter vorstellt. Hubert war mit Leib und Seele Senner, mehrmals beobachtete ich ihn von Weitem, wie er mit seinem Vieh kommunizierte. Er nahm sich viel Zeit, setzte sich oft mitten auf den Almboden und das Vieh versammelte sich langsam um ihn. In diesen Momenten genoss er es in vollen Zügen, hier auf der Staritze Halter zu sein, und das spiegelte sich in seiner großen Herde wider. 1986 entdeckte ich mit dem Fernglas ein Stück Vieh, das am Gschödringgrat 200 Meter über die Mauer gestürzt war. Ich machte mich sofort auf den Weg zur Halterhütte, um Hubert meine traurige Entdeckung zu melden. Es war ein warmer Almsommernachmittag wie im Bilderbuch, die Hütte war ziemlich voll und alle waren in bester Laune. Hubert spielte gerade auf seiner Ziehharmonika, als ich ihm vom Absturz seines Viehs berichtete. Schlagartig war die gute Stimmung zu Ende, Hubert legte sein Instrument zur Seite, zog sich wortlos seine Schuhe an und ging sofort sichtlich geknickt mit mir zur Absturzstelle. Der Ausschank war ihm nie so wichtig wie sein Vieh. Hubert besuchte mich später einige Male in der Höll, um meine vertrauten Hirsche zu bewundern, wovon sicher einige seine Stimme durch das Viehlocken auf der Staritze sehr gut kannten. Sein Vater war auch Berufsjäger bei der Meran'schen Verwaltung und dadurch war er auch dem Wild sehr zugetan. Ich war sehr betroffen, als ich 2002 die Nachricht bekam, dass Hubert an seinem fünfzehnten Sommer in der vorderen Hütte völlig unerwartet verstorben ist. Durch ihn ist für mich auch ein weiteres Stück Geschichte dieser wunderschönen Alm unwiederbringlich verloren gegangen.

Hubert mit seinem Vieh

Die Stimmung war schlagartig zu Ende

Hubert beim täglichen Viehgang

Huberts Schwester „Burgi Fellner“

Seit Kindheitstagen tief verwurzelt mit der Staritze ist Huberts ältere Schwester Burgi Fellner, geb. 1929. Mit sechs Jahren war sie das erste Mal mit ihrem Vater Hubert Grünschachner, der einige Jahre Revierjäger auf der Staritze war, auf dieser wunderschönen Alm. Noch heute sieht man ihr die Begeisterung an, wenn sie über das Wild und über die Staritze erzählt. Die vielen Nächtigungen im Jagdhaus während ihrer Kindheit sowie die unzähligen Wochenenden als Hilfe in der Hütte ihres Bruders – nach Huberts Tod verbrachte sie sogar beim Nachfolger Kraft Fritz viele Sonntage in der Halterhütte – deswegen gehöre sie, wie sie selber sagt, schon fast zum Inventar. In der Kriegszeit, als ihr Vater Militärdienst leistete, war sie im Dienst beim Franzbauern und in ihrer Freizeit hat sie in seinem Revier „Moosbach“ die Fütterungen und die Salzlecken bestückt. In ihrem Haus hängen noch immer die Abwurfstangen von den Hirschen, die sie damals gefüttert hat. Ich kann mich auch noch sehr gut an den Oberjäger Grünschachner erinnern. 1988 hatte ich ihn im Alter von über achtzig Jahren zu meiner Hochwildfütterung ins Rammertal eingeladen. Als er so nahe bei den Hirschen war, kam ihm wahrscheinlich vieles in Erinnerung und er weinte bitterlich. Für dieses Erlebnis wollte er mir etwas Trinkgeld geben, was ich natürlich nicht annahm, denn auch ich war sehr berührt über diese tief verwurzelte Wildverbundenheit des alten Oberjägers, das man so heute kaum mehr vorfindet. Für mich ist dieser Moment eine bleibende Erinnerung. Burgi kann auch noch bezeugen, welch ein Wildreichtum auf der Staritze vorhanden war, und ist sehr traurig, dass jetzt kaum Wild auf den Almböden zu sehen ist und auch keine Hirschstimmen mehr zu hören sind. Aber die ganz große Leidenschaft von Burgi war das Singen, und sie hat es geschafft, die uralten überlieferten Lieder um die Staritze im Gedächtnis zu behalten. Leider habe ich diese Zeit nicht erlebt, wo überall in den Hütten wunderschöne echte Volkslieder gekonnt gesungen wurden.
In meiner Kindheit erinnere ich mich kaum an schönen Almgesang. In dieser Zeit hatte leider der Alkohol einen großen Einfluss auf das Staritzen-Almleben. Mein Vater hielt deswegen auch immer etwas Abstand von der Halterhütte. Aber seit Hubert Halter auf der Staritze war, kam auch der Gesang wieder zurück auf die Alm.
Ich habe immer noch in Erinnerung, wenn ich an den Wochenenden auf der Alm unterwegs war, die Stimme von der Burgi mit dem hohen Wiedererkennungswert weit über die Almböden hinaus gehört zu haben. Genau dieser gefühlvolle, mehrstimmige Almgesang hat mich immer schon zutiefst berührt, obwohl ich mit Volksmusik als Kind der Siebzigerjahre nie wirklich etwas anfangen konnte.

Dieses alte Almlied, „Drei Almschroa", entstand auf der Zeller Staritze durch Sennerinnen, die sich über weite Strecken hinweg durch dieses Rufen verständigten. Burgi lernte es von ihrer Großmutter, die auch Sennerin auf dieser Alm war, und singt es bis heute noch. (Zu hören von ihr auf der CD „Mein Schatz is mei Schicksal", Musik der Region.) Die „Drei Almschroa" befinden sich auch auf dem Album von Hubert von Goisern, „Steilklänge", 2014. Leider ist er nie dem Ursprung dieses Liedes nachgegangen und hat sich auch nie bei ihr gemeldet. Burgi schrieb auch einige Lieder, unter anderem vertonte sie von der Heimatdichterin Martha Wölger das Gedicht „Da Holzknecht van Steirischen Woid". Auch ein Jodler, der jahrelang nicht mehr gesungen wurde, wurde von Burgi wiederbelebt. Der „Zeller Staritzer", ein Lied mit einer traurigen uralten Geschichte, war der Lieblingsjodler eines verwegenen Wildschütz vom Scheiterboden, der immer wieder auf der Staritze gewildert hatte. Scheiterboden-Poldl's „Liebste", die Sennerin auf dieser Alm war, konnte diesen Jodler vorzüglich schön singen. Als dieses Liebesverhältnis nicht ohne Folgen blieb, soll der Wildschütz das Mädchen auf eine Felswand der Zeller Staritzen geführt, erschossen und in den Abgrund gestürzt haben. Bevor er sie getötet hat, musste sie ihm noch diesen Jodler singen. Der Scheiterboden-Poldl soll noch recht lange gelebt haben, und so oft er diesen Jodler hörte, musste er immer weinen. Ob diese Geschichte wahr ist oder nicht, wird man nie mehr feststellen können, aber viele Jahrzehnte später ist eine ähnliche Tragödie tatsächlich geschehen. Der feige Mörder lebte noch sehr lange. Erst am Sterbebett musste er weinen und gestand die hinterhältige, grauenvolle Tat.

Zeller Staritzer

„Verwilderte Kuh“

Von meiner Mutter eine gestickte Erinnerung an den verlängerten Aufenthalt für die Familie Achleitner

1983 blieb beim Abtreiben durch Unachtsamkeit eine zweijährige Kalbin vom Bruckbauer Achleitner alleine auf der Alm zurück. Beim Zusammentreiben der letzten ca. 15 Tiere vor dem Almtor befand sich auch diese Kalbin, die verzweifelt ihre Stallgenossen suchte, und so lief sie völlig kopflos zurück auf die Weideflächen der großen Alm. Der Bauer machte noch dazu den verhängnisvollen Fehler, seine Tiere ohne Rücksicht auf die Entlaufene von der Alm zu treiben. Hätte er mit der kleinen Herde noch eine Weile auf der Alm zugewartet, hätte sich die junge Kalbin sicher wieder beruhigt und wäre wahrscheinlich problemlos mitgegangen. So blieb das in Panik geratene Tier auf der plötzlich still gewordenen Alm zurück und suchte nach ihren Stallgenossen. Eine Suchaktion in den nächsten Tagen mit mehreren Bauern brachte keinen Erfolg. Da die Kalbin jetzt alleine war, wurde sie zusehends scheuer und tauchte dann tagelang überhaupt nicht mehr auf. Erschwerend war auch, dass sie zwar eine Glocke trug, aber den Klachl verloren hatte. Die Hirschbrunft hatte schon begonnen und eigentlich sollte Ruhe einkehren auf der Alm. So wurde die Suche eingestellt. Wenig später hat sich der Besitzer der Kalbin, „Bruckbauer“ Karl Achleitner, bei mir gemeldet und mich gebeten, ihn auf dem Laufenden zu halten. Die junge Kuh ließ sich in der nächsten Zeit nicht blicken, ich fand immer nur frische Fährten in dichteren Waldbeständen. Aber immerhin hat sie regelmäßig durch ihr verzweifeltes Muhen dem Röhren der Hirsche geantwortet. Eine recht seltsame Hirschbrunftstimmung auf der Alm: meldende Hirsche und dazwischen immer wieder das Schreien der Kuh. Die Hirschbrunft ging vorbei und ich hatte danach wieder länger nichts von ihr wahrgenommen. Das Wetter war günstig und es war erst Anfang November. Der erste Schnee war noch nicht gefallen, somit hatte sie nicht wirklich einen Grund, die Alm zu verlassen. Gegen Mitte November ging ich durch das Trögeltal auf die Alm, es lag schon etwa 15 cm Schnee, als sie plötzlich unterhalb des Schneiderbüchls vor mir stand. Die Kalbin, die inzwischen schon zwei Monate zu keinem Menschen und auch zu keinem ihrer Artgenossen Kontakt hatte, war schon etwas abgemagert und schonte leicht den Vorderlauf. Sie ließ mich zwar ganz nahe an sich heran, aber als ich sie antreiben wollte, ging sie sofort auf mich los. Mit Mühe scheuchte ich sie irgendwie rauf zum Almboden in die Nähe der Straße, die ins Turntal führte. Aber sobald sie auf den ebenen, freien Flächen war, tauchte sie sofort wieder im Wald unter. Immerhin hatte ich sie gefunden und durch den Neuschnee war die Spur leicht wiederzufinden. Ich ging nach Hause, verständigte den Bruckbauern, der sichtlich über meine Nachricht erleichtert war, und am nächsten Tag im Morgengrauen waren 4–5 junge Bauernburschen zur Stelle, um die Kalbin endlich einzufangen. Auf meine Warnung, dass die Verwilderte auf mich losgegangen sei und es nicht ganz so leicht sein würde, sie einzufangen, lächelten einige der jungen Bauern nur. Also fuhren wir auf die Alm, die Fährte war rasch gefunden, aber es stellte sich schnell heraus, dass es doch schwieriger würde als gedacht. Die Schlaue hatte sofort nach einem kurzen Sichtkontakt bemerkt, dass mehrere Leute hinter ihr her waren, und wir kamen auch nie näher als etwa 70 Schritte an sie heran. Sie vermied es, auf freie Flächen auszutreten, und der Abstand zu ihr wurde immer größer. Im Verhalten hatte sie sich schon sehr dem Wild angepasst: wir fanden Stellen, wo sie großflachig mit den vorderen Hufen Äsung ausgeschlagen hatte, aber auch Fichtenreisig nahm sie in ihrer Not auf. Ihr Fell hatte sich inzwischen auch schon der Kälte angepasst und war wesentlich länger sowie dichter geworden. So gingen wir von der vorderen in Richtung hintere Alm hinter ihr her in der Hoffnung, dass sie am Ochsenbüchl in der schon hoch angewehten Schneewechte stecken bleibt. Ihre Fährten versicherten uns, dass sie genau den Weg eingeschlagen hatte, und als wir näher kamen, sahen wir, dass sie in dieser flaumigen Schneewechte nicht mehr weiterkam. Jetzt war der mutige junge Bauer an der Reihe, der mich belächelt hatte, mit einem Seil in diesem schneeverwehten Steilhang vorzugehen und die Kalbin einfach einzufangen. Die hatte sofort begriffen, was der Jungbauer vorhatte, und verfolgte ihn mit einem angriffslustigen, fixierenden Blick. Mit erhobenem Haupt ging sie in Stellung, und als er etwa auf 5 Meter vor ihr war, stürmte sie gezielt auf ihn los und er flog in weitem Bogen durch den Schnee. Es brauchte eine ganze Weile, bis der mutige Bursche auf dem steilen Ochsenbüchl wieder zum Stillstand kam, und jetzt konnte ich mir ein Lächeln nicht verkneifen. Die Lage war aussichtslos und so mussten wir aufgeben. Mittlerweile ist zwischen Bruckbauer und mir eine Art Freundschaft entstanden, da wir dadurch viel Zeit zusammen verbrachten und er auch großes Interesse an der Jagd hatte. So haben wir uns auch in späteren Jahren nicht mehr aus den Augen verloren. Es verging wieder einige Zeit, bis ich am 12. Dezember bei 20 cm Schnee mit meiner Hündin über die Alm pirschte, als plötzlich unter einer dicht beasteten alten Fichte auf etwa 20 Schritt ein mir bekannter, kapitaler, aber schwer kranker Hirsch auftauchte. Er war ziemlich abgemagert und der linke Vorderlauf schien oberhalb vom Knie gebrochen zu sein. Wahrscheinlich hatte er mich schon länger wahrgenommen, und als ich zu nahe kam, flüchtete er mit panischem Blick über den Almboden in die nächste Dickung.

Ich hätte mich nicht getraut, ihn von seinem Leiden zu erlösen, ohne vorher mit meinem Jagdherrn gesprochen zu haben. So ging ich noch eine Weile in Gedanken versunken hinter der Fährte des kranken Hirschen her, als ich plötzlich völlig überraschend unmittelbar vor mir die ruhende Kalbin im Schnee erblickte. Als sie mich sah, sprang sie auf und ging sofort gegen mich in Stellung. Mein augenblicklicher Rückzug sowie die beruhigenden Worte stimmten sie friedlich und so ging ich einfach weiter. Ausrichten konnte ich hier nichts mehr, also ging ich nach Hause, denn es gab einiges zu erledigen. Zuerst rief ich meinen Jagdherrn an, um ihm von dem kranken, kapitalen Hirsch zu berichten. Herr Baron Mayr-Melnhof vertraute meiner Beschreibung und ich sollte den Hirsch so schnell als möglich erlösen. Achleitner hatte ich auch verständigt und über eine Möglichkeit des Narkotisierens der Kalbin gesprochen, denn erschießen wollte ich sie erst, wenn es überhaupt keine andere Möglichkeit mehr gäbe. Am nächsten Morgen nahm ich mit meiner Brandl-Brackenhündin Cora die Fährte des kranken Hirsches auf und konnte ihn recht bald von seinem Leiden erlösen. Er war total abgemagert, der Vorderlauf war sicher schon einige Wochen gebrochen und er wog ohne Haupt nur mehr 70 kg. Um keine Gerüchte aufkommen zu lassen, legte ich nicht nur das Haupt, sondern den gesamten Hirsch dem Hegemeister und auch dem zuständigen Oberförster vor. Zum ersten Mal spürte ich den berühmten Jägerneid und die Bemerkung, dass einem jungen Jäger so ein Hirsch überhaupt nicht zustehen würde. Es blieb mein einziger guter Hirsch, den ich in meiner Berufsjägerlaufbahn von fast zweitausend Stück Rotwild erlegt habe. Als ich viele Jahre später, als mein Revier aufgelöst wurde, das großzügige Angebot von meinem Jagdherrn bekam, meinen dreizehnjährigen Hirsch Michal, der sich immer in der Nähe meines Hauses aufhielt, zu erlegen, habe ich das dankend abgelehnt. Mir waren die lebendigen, vertrauten Hirsche, wovon ich auch viele angreifen konnte, und deren Abwurfstangen immer wesentlich lieber.

Achleitner hatte in der Zwischenzeit von einem Tierpark ein Narkosegewehr aufgetrieben und sich eine Schnellanleitung geben lassen. Dieses Gewehr war damals schon veraltet, die Pfeile noch aus Messinghülsen, zerlegbar, schwer und die Nadeln sehr dick mit großem Widerhaken. Mit der Dosis des Serums war es auch so eine Sache: Keiner wusste so genau die dafür notwendige Menge. Bei mir in der Küche bauten wir beide „Narkose-Neulinge“, ohne uns dabei irrtümlich einzuschläfern, drei mit diesem Serum gefüllte Pfeile zusammen und hofften, die richtige Dosis auch nur irgendwie erraten zu haben. Um sicherzugehen, hatten wir etwas mehr davon genommen. Den Viehanhänger ließen wir beim Schranken im Turntal stehen und so fuhren wir guter Dinge auf die Alm. Schnell war die frische Fährte der Kalbin wiedergefunden und wir pirschten uns vorsichtig an. Nach etwa einem halben Kilometer habe ich sie entdeckt, Bruckbauer blieb zurück und ich schlich mich vorsichtig auf die nötige Schussnähe von etwa 20 Meter an sie heran. Die Kalbin machte schon einen sehr müden, ausgelaugten Eindruck, doch als sie mich erblickte, war sie wie verwandelt und agil, als wäre nichts gewesen. Ihr Blick war angriffslustig auf mich gerichtet, als ich im letzten Moment einen Schuss anbringen konnte. Der Pfeil traf sie mitten in den Muskel des hinteren Schlögels. Daraufhin flüchtete sie mit erhobenem Schwanz und im hohen Tempo zu unserem Glück in die erhoffte Richtung zur Straße, um dadurch eine schwierige Bergung zu verhindern. Jetzt war Geduld angebracht: Wir warteten mindestens eine halbe Stunde in der Hoffnung, dass wir sie irgendwo tief schlafend auffinden würden. Anschließend gingen wir vorsichtig der Fährte nach, die in Richtung Weg und danach direkt der Straße entlang ins etwa drei Kilometer entfernte Turntal führte. Nach einigen hundert Metern merkten wir schon, dass die Schritte der Kalbin etwas unrhythmischer wurden und sie versuchte, immer wieder die Straße zu verlassen, was ihr aber nicht zu gelingen schien. Wir waren voller Zuversicht, denn umso weiter wir ins Tal kamen, desto einfacher würde es für uns werden, sie einzufangen. Als wir schon fast im Turntal waren und der erste Blick zum Schranken, wo auch unser Anhänger stand, frei wurde, trauten wir unseren Augen nicht: Die sichtlich schwer gezeichnete Kalbin stand ziemlich benommen neben dem Anhänger und machte den Eindruck, als wollte sie sagen: „Die Reise ist beendet, ich will nach Hause.“ Wir zwei Anfänger-Narkotisisten hätten die Betäubungsdosis nicht besser treffen können. Problemlos konnten wir sie verladen und ich fuhr sie meinem Freund bis nach Hause in den Stall. Später erzählte mir Bruckbauer, dass ein Tierarzt einen von ihm entlaufenen ausgewachsenen Stier betäuben musste und der hat dieselbe Menge, die wir der Kalbin verabreicht hatten, nicht überlebt. Bei Wildtieren benötigt man eine wesentlich höhere Dosis als bei Haustieren. Die Widerstandskraft der Freiheit war vermutlich auch der Grund, warum unsere Kalbin wesentlich mehr von diesem Serum standhielt und immer noch auf den Läufen blieb. Leider hat sie das erste Kalben nicht überlebt und es wurde am Schlachtkörper auch festgestellt, dass einige Rippen gebrochen waren, was alles auf ihren Sonderurlaub auf der Staritze zurückzuführen war. Ich war wieder einmal um eine Erfahrung reicher, die ich niemals missen möchte.

Almabtrieb von der Staritzen – Turntal

Halter „Kraft Fritz“

Nach dem überraschenden Tod von Hubert Grünschachner übernahm Almmeister und Poldlbauer Kraft Fritz die Aufsicht von den etwa 350 Stück Vieh auf der Staritze. Es wurde auch wieder vermehrt vom Schwentrecht Gebrauch gemacht und große, schon völlig zugewachsene Weideflächen freigeschnitten. Die hintere schon etwas in die Jahre gekommene Halterhütte wurde renoviert und ist heute fast mit einem Almgasthaus zu vergleichen. Von der einzigen Quelle auf der Staritze unterhalb vom Klausboden wurde eine Wasserleitung verlegt und bietet der hinteren Hütte den unschätzbaren Luxus von Fließwasser. Sogar die Straße über den gefürchteten Ochsenbühel ist im Vergleich zu früher wie eine Autobahn. Eine enorme Aufwertung für die Almbewirtschaftung auf der Staritze. Ich habe Ende der Neunzigerjahre einige Male im Herbst bei schlechtem Wetter in der alten Hütte übernachtet. Die Fenster waren schon so undicht, dass bei starkem Wind die Vorhänge immer in Bewegung waren, und ich erinnere mich, dass morgens der Küchenboden nach einem Schneesturm weiß überzogen war. Auch bei der vorderen Hütte wurde die Veranda verglast, doch die wird seit 2019 wieder von den Bundesforsten beansprucht. Seit einigen Jahren wird das Vieh auf der Alm von drei Haltern betreut, die abwechselnd auf die Staritze fahren, und an den Wochenenden ist jetzt nur mehr die hintere für den Ausschank geöffnet. Das gesamte Vieh ist aber sehr zugänglich und vertraut, was eine hervorragende Betreuung bestätigt. Leider ist durch den aufwendigen Straßenbau vom Turntal und vom Prolessattel auf die Alm sowie oben zum Schneekogel und Geiperboden diese naturbelassene Urwüchsigkeit völlig verloren gegangen. Natürlich begründet man diese extreme forstliche

Aufschließung damit, um die Sturmschäden und Käferbäume aufzuarbeiten. Wahrscheinlich ist es nur mehr eine Frage der Zeit, bis man mit der Straßenvernetzung auch auf der hinteren Alm beginnt. Wie haben wohl diese herrlichen Wälder Tausende Jahre ohne unsere fürsorgliche forstliche Hilfe überlebt? Immer wieder nehme ich mir die Zeit, das Auf-, Ab- oder Übertreiben als stiller Teilhaber aus weiter Ferne oder auch mittendrin zu genießen und in Bildern oder Filmen mit nach Hause zu nehmen. Es erstaunt mich immer wieder, wie genau das erfahrene Almvieh diese über viele Jahrzehnte gleichbleibend wiederholenden Abläufe der Almbewirtschaftung kennt. Am Tag des Abtreibens spürt das Vieh schon durch den aufkommenden Anfahrtsverkehr der Bauern genau, was kommen wird. Sobald die ersten Treiber auch nur von Weitem hörbar sind, kommt schon Bewegung in das Vieh und es marschiert völlig selbstständig und zielsicher in Richtung Almtor. Beim Durchgang wird noch verlässlich durchgezählt und weiter geht's im Eiltempo ohne Treiber die etwa drei Kilometer lange Strecke durch das Turntal zum Sammelplatz. Das Vieh wartet geduldig auf die Abfahrt, auch die Verladung scheint es schon irgendwie in den Genen zu haben. Früher war ich einige Male bei Verladungen dabei, wo das Vieh unter lautem Geschrei, Hektik und Stockeinsatz nahezu auf die Anhänger geprügelt wurde. Heute herrscht hier absolute Ruhe, ein großes Lob an die junge Bauerngeneration und auch an die tierfreundlichen LKW-Fahrer, die das Almvieh mit solchen ihm gebührenden Respekt behandeln.

Es ist jedes Mal wieder eine besondere Herausforderung und ein unglaubliches Gefühl, mich unter diese große Menge von Rindern zu mischen, um die mir zur Beaufsichtigung anvertrauten Stücke vom Bruckbauern für die Vor und Nachweide

Treiber Besprechung vorm Abtreiben

herauszusuchen. Dass sie mich nach ihrem drei Monate langen Aufenthalt auf der Alm noch kennen, bezweifle ich. Aber wahrscheinlich ist es der vertraute Umgang mit ihnen und der weiße Kübel mit der Maulgabe, der sie überraschend schnell veranlasst, ohne viel Treiberei ihre Sommerherde zu verlassen und mit mir die etwa zwei Kilometer lange Strecke nach Wegscheid zu marschieren. Der herbstliche Geruch mit beginnender Verfärbung, und das schellende Glockengeläut bringen immer wieder meine Gefühle in eine Art Ausnahmezustand mit tränenbefeuchteten Augen. Die Dankbarkeit, hier in dieser wunderschönen entlegenen Gegend aufgewachsen zu sein, bereichert mit den Genen eines hervorragenden Berufsjägers und einer überaus tierfreundlichen Bauerntochter, ist für mich immer gegenwärtig. Bei jeder Witterung, ob Tag oder Nacht, jahrein, jahraus, hier in diesen einsamen Gräben des nördlichen Hochschwabes unterwegs gewesen zu sein und das immer noch zu tun, was mich innerlich am meisten berührt, obwohl sich auch hier vieles völlig geändert hat, ist im Leben nicht selbstverständlich. Schon der Gedanke, dass sich keiner aussuchen kann, in welchem Land er geboren wird oder in welchen familiären Verhältnissen man aufwächst und dass wahrscheinlich im Vergleich nur ein kleiner Bevölkerungsanteil dieses Privileg der Geborgenheit, Sicherheit und Naturverbundenheit vom Anfang bis zum Ende seines Lebens genießen darf, macht mich in dieser Abgeschiedenheit unfassbar glücklich und zufrieden.

Neu erbaute Kogelbauer-Teubenbacher-Hütte – trotz enormer Schneemengen bräuchte man den ganzen Winter über keine Schneeschaufel. Ob dieser Platz bewusst so gewählt wurde, bleibt wohl dahingestellt.

Tief verschneite Franzbauer-Greifensteiner-Hütte, ehemalige Graf-Meran- Hütte

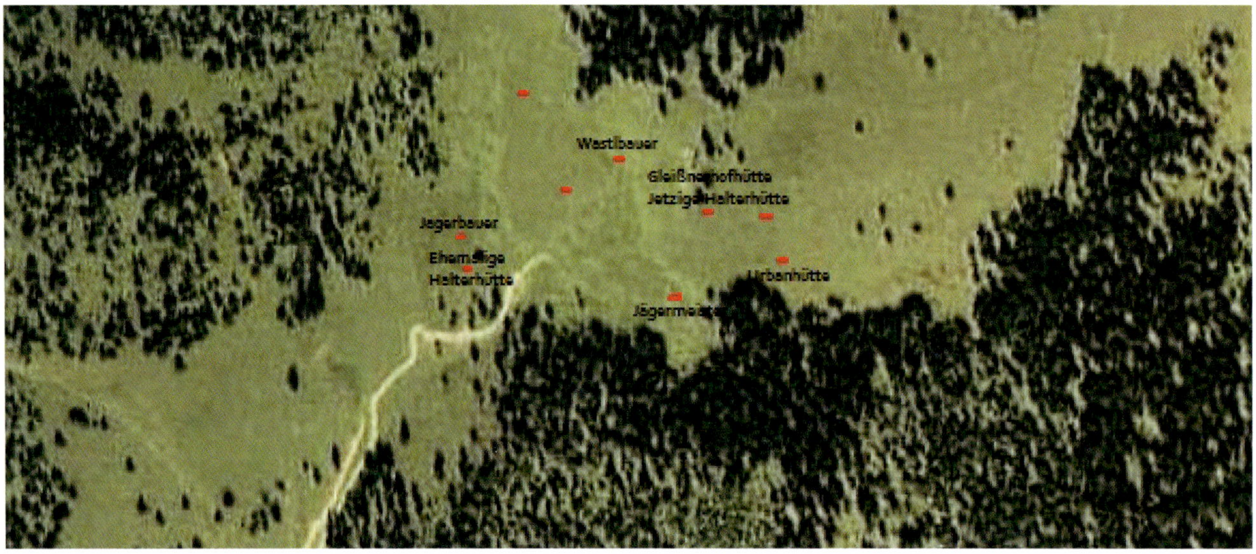

Ursprünglich waren auf der Kuhalm 13 Hütten von Bauern aus der Umgebung

„Bestehende Servitutsrechte dürfen weder erweitert, noch auf andere Güter einseitig übertragen werden“ dieser Sevitutsvertrag wurde am 30. Mai 1863 in Graz unterzeichnet. Die Rechte bestehen zum Betreiben der besagten Alm für Brennholz und Bauholz in Abständen von 50 Jahren mit 5 Kubikklaffter in Lärchen oder Fichte für Hütten und Stallungen. Auch Schwendrechte, Wegerechte und Weideaufrechterhaltung durch Waldbestände beinhaltet der Vertrag. Für jeden dieser weideberechtigten Bauern wurde die Stückzahl des Weideviehs genau für Kühe, Ochsen und Jungvieh vorgegeben, gesamt etwas über 400 Stück.

Kuhweiden – Zuordnung zur jeweiligen Hütte auf der Kuhalm
Rassbauer – ins Gschlössl bis unterem Ochsenbühel

Roabauer und
Hauserbauer – von der Fadenhöhe bis zum unteren Ochsenbühel und kleiner Gschödring

Franzbauer und
o. Kogelbauer – großer Gschödring unter den Zinkenmauern und Schneegrube

Waldauer und
Glitzner
U. Kogelbauer
Wölfelbauer – bis Großhaupt gegen den Sonntagskogel und Gschödringshöhe

Baier – ins Gratsch
Strohmaier und
Waldsiedl
Reitbauer – in den Kessel gegen die Pfaffenmauer u. gegen den Saugraben

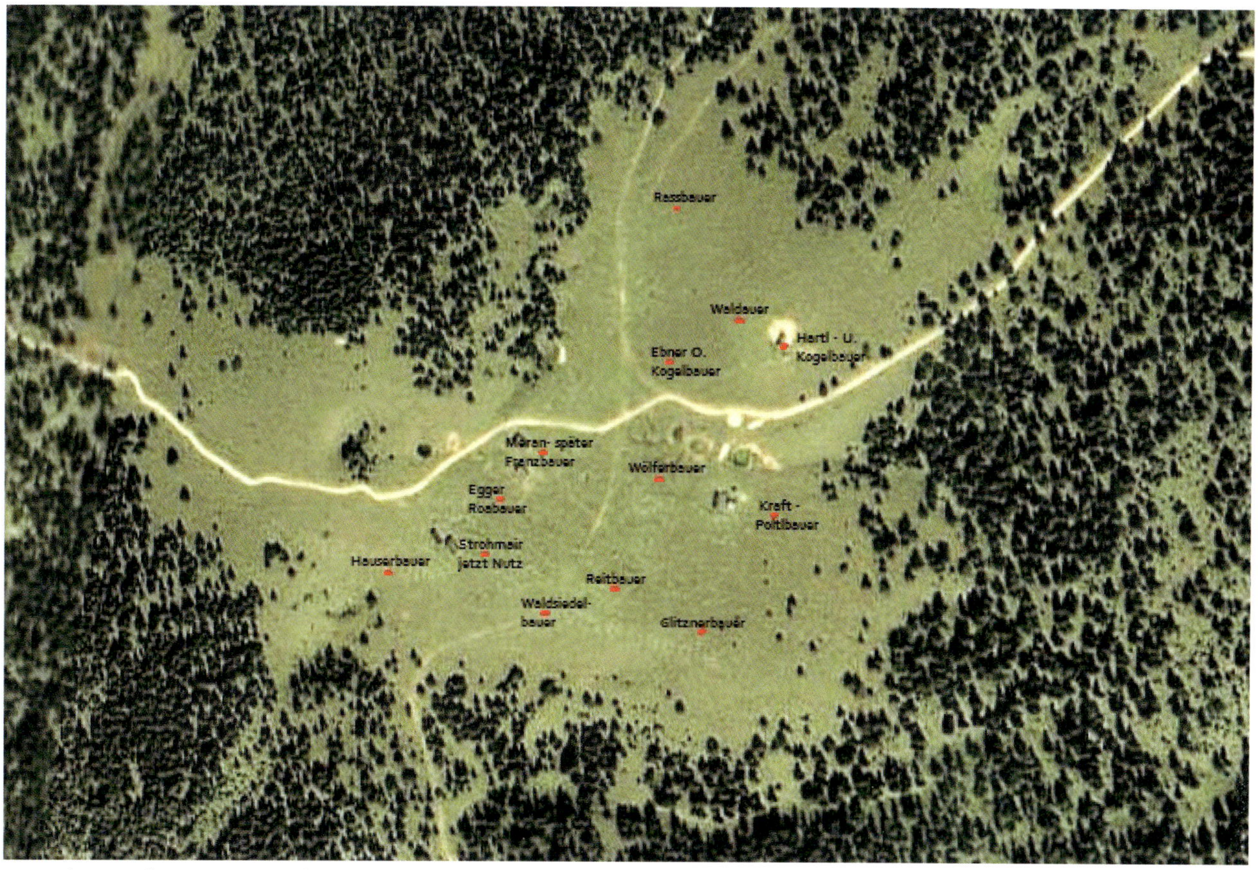

Nachgezeichneter Kartenkataster von 1824 und 1878 – 20 Gebäude (Hütten und Stallungen). Um 1860 kaufte Graf Meran die Weiderechte von etwa 100 Stück Vieh der Sevitutsbauern Rassbauer, Reitbauer und Wölferbauer auf und besitzt diese heute noch, ohne sie zu nützen.

11 Almberechtigte laut Almvertrag 1863

Das waren 13 Bauernhöfe aus der Umgebung:

Glitzner	Salzaklamm	Peter Angerer – Ritter Mariazell
O. Kogelbauer	Bohrwerk	Ebner – Weiderecht – Achleitner
U. Kogelbauer	Bohrwerk	Franz Zwangsleitner – Teubenbacher – Helga Ofner
Strohmaier	Salzatal	Karl Strohmeier – Nutz
Franzbauer	Salzatal	Greifensteiner
Waldsiedl	Salzatal	Karl Leodolter – Öbf.
Waldauer	Waldau-Gußwerk	Lorenz Wieser
Hauserbauer	Hof in Gollrad	Urban Leodolter – abgetragen anfangs 1970
Roabauer	Gollrad	Egger
Baier - Poldlbauer	Rasing	Leopold Kraft - Fritz Kraft

Von Graf Meran aufgekauft:

Rassbauer	Gollrad – G. I. Plass
Reitbauer	Gollrad
Wölferbauer	Steinschale – Kratochwill

Unser kränklicher Wald!

Ich will hier kein fachmännisches Urteil abgeben und habe auch niemals eine Forstschule besucht, aber ich habe die meiste Zeit meines Lebens in den Wäldern um die Staritze verbracht. Über fünfzig Jahre kann ich jetzt schon bewusst zurückblicken und ich denke doch, dass meine Ängste um unsere Wälder berechtigt sind. Aus sehr früher Kindheit habe ich noch in bester Erinnerung, unter Laubbäumen liegend keinen Himmel gesehen zu haben oder wenn Vater und ich unter einer Almfichte Schutz vor strömendem Gewitterregen suchten, für lange Zeit absolut trocken geblieben zu sein. Auch das Schneewasser konnte man damals auf den Almhütten bedenkenlos zum Teekochen verwendet, was heute nicht mehr empfehlenswert ist. Beim Geschirrabwaschen mit Schmelzwasser oder bei einem Saunaaufguss mit Schnee merkt man recht schnell diesen eigenartigen, unangenehmen Geruch. Flugzeuge waren in den Sechzigerjahren noch recht selten zu sehen über dem Hochschwabgebiet, Autos oder irgendwelche andere Motoren gab es auch noch sehr wenige. Heute sind oft über zehn Flieger, die den Himmel völlig verschleiern, gleichzeitig zu beobachten, die einst so entlegene Bundesstraße über den Seeberg ist oft ziemlich überlastet und es wird fast bei jeder Tätigkeit ein Motor gestartet. Im Laufe der letzten Jahrzehnte ist der Fortschritt weltweit enorm gestiegen und ich denke doch, dass sich das alles auch in den heutigen Wäldern widerspiegelt. In den Achtzigerjahren wurde über das besorgniserregende Thema Waldsterben erstmals in den Medien ausführlich berichtet, aber es ist auch recht schnell wieder verstummt. Krankheitsanzeichen gab es damals nur bei den Tannen. Heute, fast vier Jahrzehnte später, scheint dieses Thema tabu zu sein. Der Wald ist aber kränklicher als je zuvor. Das gesamte Laubholz hat enorm an Dichte verloren und entlang der Flüsse gab es noch nie so viele Baumleichen wie jetzt – aber kaum jemand spricht darüber. Die Esche ist sehr stark von Milben befallen und man findet fast keine älteren Bäume mehr, die noch in einem einigermaßen gesunden Zustand sind. Auch auf den Ahornblättern findet man immer öfter diese typischen Milbenflecken. Bei günstigen Wetterverhältnissen im Frühjahr, wo die Wiesen und Junglaubbäume nahezu explodieren, lässt diese Kraft beim älteren Bestand der gesamten Laubbäume völlig aus. Auch die Lärche ist schon jahrelang am Kränkeln und man sieht im August oft schon große milbenbefallende Bestände, die sich grau verfärben. Die Kiefer verliert durch einen Pilzbefall immer mehr an Grün und die Fichte blüht seit dem letzten Jahrzehnt in einem extremen Übermaß, wobei sie die Abstände von vier Jahren nicht mehr einhält. Vielleicht ein verzweifelter Versuch, ihre Art zu erhalten. Aber auch der Borkenkäfer wird immer unkontrollierbarer und ist scheinbar nicht mehr zu stoppen. Früher wurden Käferbäume im Anfangsbefall von den einheimischen Holzknechten sofort entdeckt und schnellstens entfernt, denn Fichtenbrennhölzer waren damals noch sehr begehrt. In den Achtziger- bzw. Neunzigerjahren wurden zwar viele Käferfallen mit Sexuallockmittel aufgestellt, aber es ist auch nicht mit Sicherheit bewiesen, ob das den Käfer nicht noch zusätzlich anlockt. Nach meiner Beobachtung wurden diese schwarzen Plastikkästen aufgestellt und kaum jemand kümmerte sich mehr darum, bis sie der Wind oder der Schnee zu Boden rissen. Man begegnet hier abgestorbenen Käferbaumnestern mit unzähligen Bäumen, die einer Käferzucht ähnlich sind, und es scheint keinen wirklich zu interessieren. Oft braucht es viele Monate, bis sie endlich abgeholzt werden, oder sie bleiben überhaupt stehen. Wiederum sind die Staatswälder davon am meisten betroffen, dabei gäbe es schon zur Früherkennung von Käferbefall eine Technik mit Drohnenüberwachung, wodurch der Befall schon zu erkennen ist, bevor er für das menschliche Auge sichtbar wird. Die unglaublich hohe Leistung der modernen Holzbewirtschaftung mit großen, schweren Maschinen, die das Wurzelbild der Fichte erheblich schädigen, ist natürlich mit dem herkömmlichen Gewinn durch Holzknechte nicht zu vergleichen, schafft jedoch für den Borkenkäfer ideale Lebensbedingungen. Zwischendurch gab es ein kurzes Aufleben durch die wesentlich schadlosere Rückungsmethode mit Pferden, aber die unvergleichbare Gewinnspanne ließ dieses Aufflackern

schnell wieder verschwinden. So scheint in heutiger Zeit jede Baumart ihren Schädling zu haben, ausgelöst durch die von uns geschwächte Umwelt. Das immer wärmer werdende Klima schafft natürlich ideale Lebensbedingungen für diese Schädlinge. Für meine Begriffe fehlt dem Wald heute das erfrischende Grün. Das Gesamtwaldbild ist von einem Grauschimmer überzogen, durch die immer dünner werdenden kränklichen Baumkronen der Nadel- sowie auch der Laubbäume. Mich wundert auch, wie wenig Leuten dieser bedenkliche Zustand unserer Wälder auffällt. Eigentlich sollte das für uns höchsten Alarm bedeuten, doch anscheinend hat sich der Mensch an dieses langsame Einschleichen der leblosen Baumfarbe und der vielen Baumleichen gewöhnt und registriert das nicht mehr. Ähnlich wie bei den heutigen Jägern, wenn sie freudig erzählen, es gäbe genug Gams auf den Hochplateaus rund um den Hochschwab, denn sie hätten doch ein großes Rudel von etwa 15 bis 20 Stück gesehen. Sie kennen es nicht anders und haben sich daran gewöhnt. Aber was denken sich heute diese wildfeindlichen Forstleute, die dem Wild die Lebensberechtigung nahmen und es als absolute Bedrohung unserer Wälder sahen, obwohl jetzt das Holz geerntet wird, das unter dem damaligen Wildreichtum aufgewachsen ist? Jetzt sind Wildbestände in diesen Wäldern kaum noch spürbar und der Wald ist trotzdem stärker in Gefahr als je zuvor. Abgase von Flug- und Fahrzeugen haben ein unglaubliches Maß erreicht, von sonstigen Strahlen, wovon keiner so genau weiß, welche Auswirkungen diese haben werden, ganz zu schweigen. Da forscht man eher noch, ob Wildlosung am Hochschwab für das Wasser oder die Abgase der Kühe für die Verunreinigung verantwortlich wären. Dass der große Filter im Hochschwab, der die Wiener mit bestem Quellwasser versorgt, noch sehr lange in einem guten Zustand bleibt, ist nur zu hoffen. Der an manchen Stellen fast ölige, schmierige, dunkle Frühjahrsschnee am Berg spricht nicht unbedingt dafür und sollte uns doch zum Nachdenken anregen. Sehr interessant wären korrekte Wasserwerte aus den Fünfzigerjahren im Vergleich zur heutigen Zeit.

Erschreckend diese graue Farbe: Blick von der Steinschale in Richtung Staritze – das erfrischende Grün ist im Laufe der Jahre verschwunden.

Bei Vollmond am Brandstein, 1982

Rast am Feuer mit meinem Freund Wuff Egger auf der winterlichen und menschenleeren Staritze. Weit, weit abseits von der Zivilisation. Diese Momente bleiben unvergessen!

„Wegscheid heute“

Seit meinen ersten Erinnerungen an diesen kleinen Ort, der damals noch voller Leben war, sind inzwischen schon über 50 Jahre vergangen und es hat sich enorm viel verändert, sodass er fast nicht wiederzuerkennen ist. Sogar die Ortstafel wurde ihm genommen, da die Voraussetzung eines Ortes nicht mehr gegeben ist. Viele der Häuser wurden verkauft, die alten Bewohner sind verstorben und die Nachkommen wanderten fast alle in städtische Nähe ab. Der Hintergrund dieser Abwanderung ist im ländlichen Bereich wie überall derselbe: Es gibt hier kaum mehr Arbeitsplätze und die wenig verbliebene von Hand ausgeführte Holzarbeit erledigen genügsame Arbeiter aus ärmeren Ländern. In Wegscheid gibt es nur mehr einen sesshaften Forstarbeiter der Bundesforste. Es ist kaum zu glauben, dass es im Mariazellerland, das zum Großteil nur aus Wald besteht, drei Bundesforste-Verwaltungen gab, die auf eine in Gußwerk reduziert wurde. Diese Hauptverwaltung beaufsichtigt heute eine weitaus größere Fläche als damals alle drei zusammen, und das mit einem geringen Personalaufwand, der mit früher auch nicht nur annähernd vergleichbar ist. Hier war früher fast jeder bei den Bundesforsten als Holzknecht, Förster oder Jäger angestellt. Mitte der Siebzigerjahre wurde die Verwaltung aufgelöst und somit begann das langsame Sterben dieses Ortes. Die Diensthäuser des Forstpersonals verfielen oder wurden verkauft. Im Laufe der Jahre verschwanden auch die Lebensmittelgeschäfte, der Konsum sowie der Gemischtwarenhändler Schönauer und auch der Gendarmerieposten mit drei Mann Besatzung wurde aufgelassen. Im Ortsmittelpunkt wurde noch das große Hotel Puhm abgerissen und das ein Stück abwärts gelegene überaus beliebte Gasthaus der Benesch Käthe zugesperrt.

Gasthof zur Post um 1930

Um 1960

2016

1920

Um 1950

2016

Dadurch ging auch der Mittelpunkt der öffentlichen Geselligkeit in Wegscheid verloren. Als Letztes verschwand an der Kreuzung zu Aschbach die Post. Das Gasthaus zur Post blieb vorerst bestehen, hatte aber auch schwer zu kämpfen mit der Abwanderung. Zum Glück erlebte es 2016 einen Aufschwung. Der Gasthaus-Parkplatz wurde Ausgangspunkt zu den Klettersteigen der Spielmauer, die von den Naturfreunden angelegt wurde, und diese werden mit großer Begeisterung angenommen. Leider wurde das Gasthaus trotzdem zugesperrt und wartet auf einen Käufer. Dieses ländliche Gasthaussterben ist auch hier in der Umgebung deutlich zu spüren. Einerseits sind es die staatlichen Auflagen, die so manche Existenz vernichten, aber auch die Arbeit eines Wirtes scheint in einem Wohlstandsland wie bei uns nicht mehr sehr begehrt zu sein. Obwohl der Verkehr an vielen Tagen überaus stark ist und die Parkplätze besonders an den Wochenenden von Bergtouristen voll besetzt sind, wird es immer schwieriger, auch kulinarische Bewirtung zu finden. Durch das Ansteigen des Wohlstandes sind auch die gesamten gut gepflegten Wiesen sowie Gemüsegärten um die Wohnhäuser und die gesamten Nutztierbestände in Wegscheid verschwunden. Dadurch gibt es auch diese romantische, ländliche Idylle, die mich an meine Kindheit erinnert, schon lange nicht mehr. Ich möchte mir gar nicht vorstellen, wie es sein würde, wenn die Nahrungsversorgung der Großmärkte aus irgendeinem Grund plötzlich zusammenbricht, was mir nicht so abwegig erscheint in diesen turbulenten Zeiten. Wie soll so ein abgeschiedener, ländlicher Bereich überleben, der sich im Gegensatz zu früher nicht einmal mehr ansatzweise selbstständig ernähren kann? Die Pflege des Ortes ist heute auch völlig anders, als es früher war: Viele der Wiesen sind mit Bäumen und Sträuchern zugewachsen oder versumpfen. Die in vergangener Zeit mühevoll angelegten überlebensnotwendigen Wiesen braucht keiner mehr. Man sieht auch keine Kinder mehr in Wegscheid, die sich früher im Sommer sowie auch im Winter in kleinen Gruppen überall herumtrieben. Daran sind aber nicht die Computerspiele oder Handys schuld, die sie davon abhalten, sondern es gibt hier einfach keine Kinder mehr. Einige Jahre hindurch war das ehemalige Personalhaus der Bundesforste, das Clemenshaus, wieder bewohnt. In diesem Parteienhaus, wo früher vier Familien Platz fanden, wurden bis zu 45 Asylanten aus den verschiedensten kriegsumkämpften Ländern notdürftig einquartiert. Trotz anfänglicher massiver Proteste einiger Bewohner lebten diese traumatisierten Flüchtlinge ohne nennenswerte Probleme in Wegscheid. Was wohl in diesen Menschen vorging, die tagtäglich besonders an Wochenenden den Wohlstandsverkehr mit modernsten Motorrädern und Autos in Kolonnen unmittelbar an ihrer armseligen Unterkunft vorbeifahren sahen? Die Einheimischen hatten sich anscheinend doch recht bald an die dunklen, aber immer freundlichen Menschen gewöhnt und ich denke, so manche Vorurteile wurden abgelegt. Heute steht das Clemenshaus wieder leer und verfällt zusehends. Ich erinnere mich noch gut, als meine Mutter und ich 1965 auf der Bundesstraße in Richtung Konsum zum Einkaufen unterwegs waren. Auf der langen Geraden vor der Kreuzung zu Aschbach ging etwa dreißig Meter vor uns eine alte zierliche Frau und plötzlich wurde aus weiterer Entfernung ein auffallend dunkler Mann sichtbar. Als er immer näher kam, stellte sich schnell heraus, dass dieser ein Schwarzafrikaner ist. Ich war völlig überrascht, denn für mich war es das erste Mal, dass ich einen „Neger“ zu Gesicht bekam (damals war das Wort „Neger“ noch völlig normal und auch kein Schimpfwort). Als die alte Frau erkannte, dass dieser Mann ein Schwarzer war, blieb sie in einem Abstand von etwa zwanzig Metern vor ihm abrupt

Um 1950

Enorm, wie alles zugewachsen ist, 2016

Die Galgenmauer um 1950

In den Fünfzigerjahren

2016: Ein Großteil der Wiesen ist schon zugewachsen

stehen und wechselte in etwas gebückter, abseits gedrehter Haltung immer schneller werdend die Straßenseite. Ohne ihn auch nur eines einzigen Blickes zu würdigen, machte sie einen großen Bogen um den für sie furchterregenden Mann. Meine Mutter ging mit mir völlig normal weiter und ihr furchtloses Verhalten übertrug auch auf mich keinerlei Angst. Den Afrikaner hat diese Szene offenbar sehr belustigt, denn er ging mit einem strahlenden Lachen und freundlichem Gruß an uns vorbei. Als fast drei Jahrzehnte später mein zweitjüngster Sohn Christian mit etwa drei Jahren in Graz während einer Straßenbahnfahrt das erste Mal einem Schwarzafrikaner gegenübersaß und in seinem kindlichen Erstaunen die Worte ganz deutlich hervorbrachte: „Das Neger sein Bitte", war schon zu erkennen, dass sich die Zeiten total geändert hatten. Der Afrikaner fühlte sich durch diese Aussage beleidigt und war nicht so einfach zu beruhigen. Für mich ist das Wort „Neger" nie zum Schimpfwort geworden und es könnte schon sein, irrtümlich ins Fettnäpfchen zu treten.

Die noch vorhandenen Wegscheider sind heute fast nur mehr ältere Leute, im oberen Ortsteil sind die meisten schon über 70 Jahre alt und man sieht kaum Leute um die Häuser. Von daher müsste man annehmen, Wegscheid ist ein sehr ruhiger, Erholung bringender, abgelegener, von dichten Wäldern umgebener Ort. Aber da täuscht man sich gewaltig: Der Verkehr hat in den letzten 30 Jahren unglaublich zugenommen und ist für die Hausbesitzer unmittelbar an der Straße eine enorme Belastung. Was früher einen überaus großen Vorteil hatte, direkt an der Straße zu wohnen, ist heute ein fast unerträglicher, nervenaufreibender Lärmstress. Besonders die Motorräder lassen das gesamte Tal von Jahr zu Jahr immer mehr erdröhnen und die Anrainer sind machtlos. Solch ein Haus direkt an der Straße zu verkaufen, um diesem Lärm zu entfliehen, mindert den Preis enorm, aber auch die Nachfrage. Über eine Reduzierung des Lärmpegels, vor allem bei den oft überlauten Motorrädern, wird leider noch nicht diskutiert. Was aber durchaus angebracht wäre, um das Leben an den ländlichen Hauptstraßen erträglicher zu machen. Vielleicht würde es so manchen Freizeitbiker durch die Drosselung ihrer mächtig röhrenden Maschinen abhalten, ihre Vergnügungsrunden zu drehen und unserem Klima wäre damit auch noch geholfen. Unser Haus liegt zum Glück fast 300 Meter von der Straße entfernt, aber an einem warmen Sommertag auf der Terrasse vorm Haus zu sitzen und nur das Aufheulen der Motoren zu hören, ist für mich unerträglich. Ich habe fast mein ganzes Leben in absolut ruhiger Natur verbracht und werde mich wahrscheinlich nie an diesen Lärmpegel gewöhnen. Es ist für mich schwer vorstellbar, dass es gerichtliche Verfügungen gegen anscheinend unzumutbare Kuhglocken-Belästigung gibt, aber gegen diesen Wohlstandsfreizeitlärm ist man machtlos. Für mich war es immer besonders beruhigend und angenehm, in den entlegensten Gräben wie in der Steinschale oder in der Höll, aber auch auf den Almhütten bei Kuhglockengebimmel oder Hirschgeröhre einzuschlafen.

Für zusätzlichen Lärm sorgen auch noch die immer mehr werdenden Freizeittraktorfahrer, die am Wochenende in Kolonnen mit oft bis zu 30 Oldtimern über den Seeberg tuckern. Während der Woche wird der LKW-Verkehr immer mehr zur Belastung, der auch die Nacht über anhält. Das meiste von hier geschlägerte Holz wird über den Seeberg gefahren und manchmal erweckt es den Eindruck, dass ungefähr dieselbe Menge wieder hereingefahren wird. Ähnlich ist es bei der hier produzierten Milch, die nach Kapfenberg zu den Molkereien gebracht wird und danach wieder in Mariazell in den Handel kommt. Stark angestiegen ist der Schwerverkehr auch durch die Bezirkszusammenlegung, die

1710: erbaute Wegscheider Kirche, 1894 abgebrannt

An derselben Stelle vom Stift Lambrecht die wieder aufgebaute Kirche

2016: der ehemalige Ortskern von Wegscheid

viele aus-, aber auch inländische LKW nützen, um abzukürzen oder die Maut zu sparen. Unter diese hektische Verkehrsschlange mischen sich noch viele Radfahrer, die zwar völlig geräuschlos und umweltfreundlich sind, aber sie begeben sich schon in große Gefahr. Ich wundere mich immer wieder, wie hartnäckig sie ihren Platz auf der Straße verteidigen. Auch wenn das Recht auf ihrer Seite ist, sind sie doch immer die Verlierer.

Bei diesen heutigen Verkehrsverhältnissen mit meist viel zu hohen Geschwindigkeiten wäre der Schulweg zur Volksschule nach Aschbach wie zu meiner Zeit nicht mehr zu verantworten. Aber auch die überlebensnotwendige Haustierhaltung, wie sie einmal war, wäre unter diesen Umständen so nicht mehr möglich. Um die Weihnachtszeit steigt der Verkehr noch zusätzlich um einiges. An diesen Wochenenden herrscht Kolonnenverkehr in Richtung Mariazell zum besinnlichen Adventmarkt und abends wieder zurück auf der einst so idyllischen Bundesstraße. Anscheinend will niemand mehr in dieser Einschicht leben, die Menschen kommen nur für ihre Freizeitgestaltung zu Besuch, und das mit immer höheren Geschwindigkeiten. Dadurch ist auch der Bezug zur Natur völlig anders geworden. Der Flugverkehr hat inzwischen ein beängstigendes Maß erreicht. Als Kind hat man sich gefreut, ein Flugzeug zu sehen – heute sieht man bei günstigem Wetter von den Hochflächen aus ständig über zehn Flugzeuge am Himmel. Oft ist der Himmel am Abend bewölkt durch die ineinandergreifenden Kondensstreifen der vielen Flugzeuge. Auch unsere umstrittenen Eurofighter, die nicht wirklich jemand braucht, sind an vielen Tagen am Berg eine unausstehliche Lärmbelästigung, wenn sie immer wieder den Hochschwab einkreisen und alles Leben am Berg mit ihrem Überschallknall in Panik versetzen. Einige Male beobachtete ich schon diese gekonnten übermütigen Loopingflüge, die ihnen sichtlich Spaß machen. Dabei will man sich gar nicht vorstellen, was das für die Wiener Wasserversorgung bedeuten würde, wenn so ein Flieger im Hochschwabgebiet abstürzt. Dass ein Teil von dieser Verschmutzung im Schnee vom Flugverkehr kommt, ist nicht zu leugnen. Bei größeren Mengen Schmelzwasser bildet sich ein leichter farbiger Film an der Oberfläche. Meine Haflinger haben schon vor Jahren das Schmelzwasser tagelang verweigert, wenn im Winter die Quelle trocken wurde. Nach längeren Touren mit meinen weißen Labradorhündinnen durch den Frühjahrsschnee am Berg klebt danach an den Beinen und am Bauch eine graubraune, fettige Farbe im Fell. Dass diese Luftverschmutzung nicht nur aus den unmittelbaren Bereichen unseres Landes kommt, beweist auch der Saharasand, der manchmal dem Schnee bei entsprechenden Windverhältnissen am Berg eine rötliche Farbe verleiht. Dieser Sand verursacht keinerlei Schäden, vielleicht hat er sogar düngende Auswirkungen, aber es zeigt auch, dass diese Strömungen Schadstoffe aus anderen Kontinenten mit nicht so umweltfreundlichen Bestimmungen zu uns bringen.

Auf dem Weg zur Steinschale hat sich auch vieles verändert und so manches ist kaum wiederzuerkennen. Der völlig veränderte Bezug zur Natur macht sich schon sehr bemerkbar, es gibt keinen mehr, der auf den Schotterstraßen Schlaglöcher zuschüttet oder bei starkem Regen das Wasser ableitet, um größeren Schäden vorzubeugen. Wenn die Straße heute stark durchlöchert ist, zieht ein Gräder die Oberfläche ab und das überflüssige Material wird einfach zur Seite geschoben. Für kurze Zeit ist die Straße gut zu befahren, hält aber nie lange und sieht äußerst ungepflegt aus. Man spürt es förmlich, dass in diesem entlegenen Graben kein Leben mehr vorhanden ist: Nicht nur durch die Aussiedelung und die Auflösung der Waldbeweidung. Auch Wild bei Tageslicht in Anblick zu bekommen, ist fast ausgeschlossen. Wahrscheinlich wurden mir diese Gene in die Wiege gelegt, denn sobald ich mich im Wald befinde, suche ich instinktiv alles nach Wildfährten ab. Auch meine Frau ist von diesem Virus befallen und so kann mir keiner was vormachen über die tatsächlichen Wildbestände. Seit die Jagd hier quasi in die Hände von Hobbyjägern gelegt wurde, entstanden aufwendige wetterfeste Hochstände an Plätzen, an denen man früher nicht einmal im Traum gedacht hätte, welche zu bauen. Salzstellen werden nur auf günstige Schussentfernungen angelegt – nicht wie früher im Schutz der Bestände, um dem Wild auch in Deckung und Ruhe die Aufnahme von Salz zu ermöglichen. Die Jäger selbst kommen nur noch während der Schusszeit mit den neuesten Geländewagen in ihr Revier. Öfters erlebte ich schon, dass mich solche Abschussnehmer aus Gebieten, in denen ich mich schon seit meiner Kindheit regelmäßig bewege und es auch weiterhin tun werde, nicht sehr freundlich zu vertreiben versuchten. Diese Jäger sind sehr ausdauernd, sie sitzen in ihren kleinen Revieren oft den ganzen Tag auf einem ihrer Hochstände. Oft völlig umsonst, aber wenn sich Stück Wild zeigt, wird sofort geschossen, unter diesen Umständen ist mein Erscheinen eher ein Vorteil als eine Beunruhigung für das Wild. In weiterer Planung ist auch, dass die schon wenig vorhandenen Wintergatter und Freifütterungen rund um den Hochschwab im nächsten Jahrzehnt restlos aufgelassen werden. Die Forstverwaltung Wildalpen Gem. Wien hat schon einige Wintergatter abgetragen und in den Wintereinständen werden mit frei laufenden Hunden Treibjagden abgehalten.

Das Futter wurde radikal reduziert und das Wild steht verängstigt und wartend in den Fichtenkulturen. Die Folgen sollten eigentlich bekannt sein, aber es scheint nicht mehr zeitgemäß zu sein, das Wild, dem wir den Lebensraum genommen haben, zu füttern. Auch langjährige Berufsjäger, die hohe Beträge während ihrer Dienstzeit erwirtschafteten, wurden erniedrigt und respektlos behandelt. Einem privaten Waldbesitzer im Salzatal, der eines der letzten vorbildlichen Wintergatter betreut und in großer Sorge ist, dass durch die geplante Auflassung der ÖBF-Fütterungen seine eigene durch Zuwanderung von futtersuchendem Rotwild schwierig zu finanzieren sein wird, wurde großzügigerweise angeboten, ihm einige gute Schützen bereitzustellen, um dieses Problem für immer zu lösen.
Natürlich lebt das Wild nicht nur im, sondern auch vom Wald, aber die Schäden sind kein Vergleich zu denen, die der Mensch in unseren Wäldern seit Jahrzehnten angerichtet hat und es auch weiterhin tut, trotz Warnung vieler Experten. Der Medienaufschrei im vergangenen schneereichen Winter 2018 auf 2019 hat zwar die Öffentlichkeit etwas aufgerüttelt, aber ob sich etwas ändern wird, wage ich zu bezweifeln. Ich durfte auch bei einem Wildtiergipfel teilhaben, wo doch einige hochrangige Teilnehmer sofort eine Änderung herbeiführen hätten können, wenn sie nur gewollt hätten. Immerhin weiß ich jetzt, was so ein Gipfeltreffen bedeutet und vor allem auch bewirkt. Es kann doch nicht so schwierig sein, diese ehemaligen großen Gebiergsreviere, die für Rotwild lebenswichtig sind, wieder zu vereinen, an Großpächter mit Berufsjägern zu vergeben und an vernünftigen, altbewährten Plätzen Rot- und Rehwild mit optimalem Futter mit vernünftiger Stückzahl zu überwintern. Diese Fütterungen sollten von völlig unabhängigen Fachleuten nicht nur auf Stückzahl kontrolliert werden, sondern auch die Futterqualität und die immer noch unterschätzte Vertrautheit des Wildes tagsüber am Futterplatz, um dem König unserer Wälder, der seit Menschengedenken nicht nur von der Jägerschaft verehrt wurde, eine Überlebenschance zu geben. Wo auch wieder der professionelle Jäger bei Tageslicht Freude am Beobachten hat und sein Gewehr nur mit präziser Überlegung einsetzt. Aber auch um zu beweisen, dass richtig betriebene Jagd immer noch der beste Naturschutz überhaupt ist.
Eine weitere starke Beeinträchtigung für das Wild ist der von Jahr zu Jahr zunehmende Wander- und Tourenski-Tourismus. Viele Steilhänge, an denen früher das Gamswild den Winter verbrachte, sind heute rücksichtslos mit Spuren von Tiefschneefahrern durchzogen und wäre für sie kein Winterlebensraum mehr. Durch das beliebte Schneeschuhwandern werden viele Gebiete in der Notzeit zusätzlich eingeengt und beunruhigt. Anfang der Achtzigerjahre habe ich mich des Öfteren bei über einem Meter Neuschnee mit den hölzernen Schneetellern bis zur völligen Erschöpfung zu den Rehfütterungen durchgekämpft. Heute muss ich oft schmunzeln, wenn ich beobachte, wie Schneeschuhwanderer bei 10 bis 15 cm Neuschnee unmittelbar neben der geräumten Straße mit den großen Tellern durch den Wald watscheln, um ihre Freizeit zu genießen. All diese Umstände nahmen und nehmen unserem Wild den ihm zustehenden Lebensraum. Nicht zu vergessen das unglaubliche Forststraßennetz, das eine Bejagung ermöglicht, auch in den entlegensten Wäldern, wo die wetterfesten Ansitzhütten in relativ kurzer Zeit mit dem Auto zu erreichen sind.

Ich besuche immer wieder Berufskollegen, die bei privaten Großgrundbesitzern ihren Dienst verrichten: Diese wenig verbliebenen Idealisten kämpfen unermüdlich, um den Lebensraum für unser heimisches Wild zu erhalten. Es ist immer wieder eine Wohltat zu sehen, wie Wild und Forstwirtschaft, aber auch der Tourismus harmonieren, wenn der Mensch auch wirklich dazu gewillt ist. Man sieht dort kaum Wildschäden, das Wild ist tagsüber anzutreffen und die Fütterungs- sowie Gatterbewirtschaftung funktioniert vorzüglich. Selbstverständlich wird hier hochwertigeres Futter vorgelegt, als im Wald den Winter über für das Wild zu finden ist. In diesen Revieren wurde es seit Generationen immer gleich mit geschultem Berufspersonal betreut und dadurch nie veranlasst, in seinem eigenen Lebensraum gröbere Schäden zu verursachen. Immer wieder wurde behauptet, Rotwild schält aus Langeweile oder es wird eh so gut gefüttert und es schält trotzdem. Ich habe noch nie Wild beobachtet, dem langweilig ist, dieses Phänomen tritt vermutlich nur bei uns Menschen auf, und wenn Rotwild sich durch rücksichtslose Bejagung bei Tageslicht nicht zur Futterstelle wagt, sind trotz guter Fütterung Schäden vorprogrammiert. Traurig, dass die Bundesforste, aber leider auch die gräfliche Verwaltung am Brandhof, die einstige Hochburg der Steirischen Jägerschaft, nicht in der Lage sind, diese Vorbildfunktion wieder zu übernehmen.

Auch die ansässigen Weidebauern mussten immer wieder kämpfen, um ihre Servitutsrechte aufrecht zu halten. Ende der Siebzigerjahre spielte der damalige Forstmeister mit dem Gedanken, die Alm wieder zuwachsen zu lassen, um sie auch forstlich zu nutzen. Das Schwenden (Weideflächen roden) von den Pachtweiden der Bundesforste auf der vorderen Alm wurde gänzlich eingestellt. Alte Kahlschläge, die sich bestens als Weide anboten, versuchte man mit Fichten aus Kulturgärten, die dem Wild-, aber auch dem Weidevieh vorzüglich schmeckten, wieder aufzuforsten. Einige Jahre hindurch mussten die Bauern mehrere solche große Flächen abzäunen. Für das Wild, besonders für die Gämsen, war dieser Stacheldrahtzaun eine Tortur, des Öfteren fand ich an den Stacheln des Drahtes Hautfetzen von den Gämsen. Nach einem Försterwechsel wurde der Zaun abgetragen und heute kennt man keinen Unterschied, was innerhalb oder außerhalb dieser Fläche war. Einige Male habe ich in den Achtzigerjahren erlebt, dass Forstarbeiter Unmengen von Fichten aus Kulturgärten pflanzten und nur ein paar Hundert Meter weiter die Bauern auf ihren servitutsberechtigten Flächen die schönsten Anflugfichten rodeten. Ein Forstdirektor eines großen Privatbesitzes, den ich damals als Jagdgast führte und der ein paar Tage im Jagdhaus verbrachte, war total entsetzt über solch eine Sinnlosigkeit. Von diesen Setzlingen aus den Kulturgärten in tieferen Lagen ist kaum etwas aufgekommen. Zugewachsen sind diese Flächen trotzdem, aber durch natürlichen Anflug, was heute leicht festzustellen ist durch den selbst gewählten Standort der angeflogenen Fichten. Von meinem Vater weiß ich, dass der Graf von Meran während der Dreißigerjahre pensionierte Berufsjäger bezahlt hat, um auf der vorderen Alm zu schwenden. Unmittelbar neben dem Jagdhaus befand sich damals eine etwa zwei Hektar große, schon etwas zugewachsene Fläche, die aus zeitlichen Gründen nicht mehr geschwendet wurde. Heute ist auf dieser Fläche ein geschlossener Hochwald mit riesigen Almfichten, der erstaunlicherweise auch ohne forstliche Hilfe hochgekommen ist. In der späteren Forstmeistergeneration so um die Jahrhundertwende wurde das Thema Wald- und Weidetrennung der Pachtflächen auf der vorderen Alm wieder aktuell und die Bauern waren wieder gefordert, sich dem zu widersetzen. Die Führungskräfte des Forstes hatten die unsinnige Idee, den Wald und die Weidefläche auf der Staritze zu trennen. Jahrhunderte hatte das funktioniert und plötzlich sollte es anders sein. Ich als Nichtbetroffener habe mich immer wieder gefragt, wollen sie den Bauern nur ihre Macht demonstrieren oder meinen die forstlichen Herren das wirklich ernst, auf der Alm unzählige Meter Stacheldraht oder Elektroschnur sinnlos zu verspannen? Ein paar Jahre und etliche geduldsfordernde Begehungen für die Bauern dauerte diese grandiose Idee an und ist danach wieder spurlos verschwunden. Aus meiner Erfahrung von über vierzig Jahren und auch aus Überlieferungen meines Vaters hat der Forst nicht wirklich Positives für den Wald um die Staritze geschaffen, wirklich intakt ist er nur dort, wo er für die Bewirtschaftung nicht zu erreichen ist. Jahrzehntelang wurde das Wild als größter Schädling dargestellt und hier auf dieser Alm fast ausgerottet, obwohl es auf den Hochflächen nie Wildschäden gab. Am Anfang meiner Berufsjägerzeit war ich davon überzeugt, mit der Forstverwaltung gemeinsam eine vertrauliche Basis zu finden, um den Wildbestand auf der Staritze langfristig zu erhalten. Mein Vater hatte mir diese Gedanken nach seinen Erfahrungen öfters widerlegt und er sollte recht behalten. Ich machte recht bald genau dieselbe Erfahrung und dachte noch sehr oft an seine Worte. In meiner über 30-jährigen Berufserfahrung erlebte ich beim selektierenden Rehwild, dem man hohe Verbissschäden nachsagt, in den Revieren Staritzen und Höll gravierende Bestandsanstiege und auch Rückgänge. Aber ich hörte niemals von der forstlichen Seite, dass der Schaden während dieser Zeit mehr oder weniger wurde. Mitte der Achtzigerjahre hatte ich einmal ein Gespräch mit einem Revierförster über Rehwildbestand und Abschusszahlen. Er erzählte mir, er würde in seiner von ihm zu beaufsichtigten Regiejagd einen Fütterungsbestand von 45 Stück angeben, obwohl in den angrenzenden Revieren die nächsten Fütterungen sehr weit entfernt waren. So würde er wie all die Jahre zuvor 35 Stück zum Abschuss beantragen. Auf meine vorsichtige Frage, ob er das wirklich für möglich hält, solch eine Abschussplanung langfristig durchzuführen, gab er mir nach kurzer Überlegung zur Antwort: „Hast eh recht, ich geb einen Bestand von 50 Rehen an.“ Ich war erstaunt und hatte wieder die Bestätigung, wie wenig Ahnung so manche „Fachleute“, die jahrelang mit dieser Materie zu tun hatten, wirklich haben.

„Heinz Eisbacher“

Eine außergewöhnliche Oberförsterpersönlichkeit, der Österreichischen Bundesforste wird mir in ewig in Erinnerung bleiben – wahrscheinlich war Heinz der Letzte einer Förstergeneration im Hochschwabgebiet, der diesen Beruf aus tiefster Überzeugung nicht nur gegenüber Wald und Botanik, sondern auch wegen einer innigen Verbundenheit zum Wild auslebte. Heinz Eisbacher stammte aus einer alten Berufsjägerfamilie und ließ es sich auch als Oberförster nicht nehmen, sein Rotwildwintergatter selbst zu betreuen, und das mit absoluter Vorbildfunktion. Mit Heinz konnte ich stundenlang zusammensitzen und über Wild fachsimpeln. Er war Jahre hindurch davon fest überzeugt, in seinem Revier um Rotmoos Wald und Wild in Einklang zu bringen. Doch leider machte auch ihm nicht nur der Wandel der Zeit, sondern der scheinbar aussichtslose Kampf gegen die innerbetriebliche Wildfeindlichkeit und die damit verbundene rücksichtslos radikale Reduzierung unserer Wildbestände zusehends zu schaffen. Heinz kam am 2. März 1998 im 51. Lebensjahr in Richtung Dürradmer auf unerklärliche Weise von der geraden Straße ab, obwohl er den Weg kannte wie seine Westentasche, und stürzte über hundert Meter in eine Schlucht. Einen Tag zuvor saßen wir noch in seiner Küche zusammen. Wir hatten lange über die von mir mitgebrachten Abwurfstangen eines starken Hirschs diskutiert und am nächsten Tag war er tot. Ich war fassungslos und ich machte mich auf zu einem Tagesmarsch durch mein großes Revier, um zu versuchen, das zu realisieren und zu verarbeiten. Heinz war für mich einer der ganz wenigen jagdlichen Vertrauensperson hier rund um den Hochschwab, mit dem man völlig offen reden konnte, ohne irgendwelche Hintergedanken zu befürchten. Die oft länger andauernden Gespräche machten mir immer wieder Mut und plötzlich gab es ihn nicht mehr. Ich hatte bis zu diesem Tag noch nie jemanden verloren, dessen überraschender Tod mir so naheging wie seiner.

Lange Zeit habe ich die Abwurfstangen, von denen ich genau wusste, dass es die letzten waren, die Heinz in seinen Händen hielt, aufgehoben und diese Jahre später seinem Sohn, dem Tierarzt Andreas Eisbacher, zum Andenken übergeben. Die Beerdigung von Heinz in Weichselboden war einzigartig, es waren Unmengen von Trauergästen anwesend, denn er war durch sein naturverbundenes und korrektes, geradliniges Auftreten überaus beliebt. Während seiner Verabschiedung durchquerten viele Gedanken meinen Kopf und ich wunderte mich über so manchen trauernden Begräbnisteilnehmer. Meine Abneigung gegenüber einigen anwesenden Menschen wurde für mich dadurch noch klarer und deutlicher. Deshalb blieb ich auch einige Wochen später der Gedenkfeier und Aufstellung des Kreuzes an der Unfallstelle fern. Für mich war es ein enormer Verlust, den großen Kämpfer für unser heimisches Wild gab es nicht mehr. Ich fühlte mich elend und alleine in dieser zunehmend aggressiven, wildfeindlichen Zeit und es sollte leider noch um einiges schlimmer werden. Eine nette Erinnerung an Heinz hatte ich in einem Film festgehalten, als er als Nikolaus verkleidet zu uns in die Höll kam. Als ihm mein etwa achtjähriger Sohn Markus ein altes Weihnachtsgedicht mit berührenden Zeilen über unser heimisches Wild vortrug, merkte man danach ganz deutlich an seiner Stimme, dass er den Tränen nahe war. Wirkliche Freundschaft unter benachbarten Jägern ist selten, das hat auch mein Vater immer erwähnt, doch Heinz war ein wirklicher Freund. Es gab für mich einige Jahre später wieder eine aufrichtig ehrliche Jägerfreundschaft mit Wolfgang Edlinger, der mir immer ein Reviernachbar war, wie man sich das nur wünscht. Jetzt, fast zwanzig Jahre später, wenn Heinz sehen würde, was aus seinem geliebten Revier sowie der Hirschfütterung in Hinterrotmoos und vor allem aus dem Hirschbrunftplatz unmittelbar vorm Haus in Rotmoos geworden ist, würde ihm sicherlich das Herz brechen. Ich werde einfach den Gedanken nicht los, dass er sehr genau wusste, was da noch auf ihn zukommen würde. Schade, dass es Menschen, die solch einen angeborenen Idealismus und so ein Verständnis für Wald und Wild in sich haben, im Forst und jagdlichen Bereich kaum mehr gibt. Ich glaube auch, dass man bewusst solche selbstständig denkenden, erfahrenen und aufopfernden Persönlichkeiten nicht mehr hochkommen lässt, aber auch vorhandene nicht mehr haben will, um alles besser von den Zentralstellen aus kontrollieren zu können.

Die „Spielmauer“ und die „Galgenmauer“ oder „Teufelsbrücke“,

wie sie auch genannt wird, haben 2016 in der Kletterszene große Bekanntheit erreicht. Die Naturfreunde errichteten einen Kletterpark mit drei Aufstiegsmöglichkeiten. Mit wirklichem Klettern hat dieses sogenannte Klettergehen auf Eisenwegen allerdings nichts zu tun. Auch im alpinen Sprachgebrauch unterscheidet man das eindeutig. Die Frage bleibt, ob ein derartiges Netzgewirbel, das die Spielmauer verschandelt und vergewaltigt, gerechtfertigt ist, um der Spaßgesellschaft einen weiteren naturbelasteten Spiel- sowie Rummelplatz zu bieten. Mit der Glaubwürdigkeit gegenüber den Naturfreunden geht es mir ähnlich wie mit dem Jagdschutzverein. Diese Vereine werden ihren Namen einfach nicht gerecht. Auch ein gemütlicher, eineinhalbstündiger Wandersteig wurde angelegt bis zum Gipfelkreuz der Spielmauer, und das einzigartige Naturjuwel, die Galgenmauer, wurde wieder gut sichtbar frei geschnitten. Vor sehr langer Zeit entstanden über diese mächtigen Felsen wilde, Angst einflößende Geschichten. Gottlose, raue Holzknechte blieben sonntags auf der Pfeiffer-Alm unterhalb der Spielmauer in ihrer Hütte und spielten Karten, während die Gläubigen in der Kirche von Wegscheid im Gebet versanken. Plötzlich soll ein fürchterliches Gewitter mit Blitz und Donner aufgezogen sein und bis zum heutigen Tage sitzen diese ungläubigen Holzknechte in der Gestalt von Felsköpfen auf den Spielmauern. Schlimm, wie früher die Kirche dem Volk mit solchen Schauergeschichten das Leben schwer machte. Der Wohlstand hat zwar den menschlichen Charakter sehr zum Nachteil verändert, aber doch auch dazu beigetragen, sich dem moralischen Druck der Kirche zu widersetzen.

Heute hängen sonntags mehr Kletterer in der Spielmauer als Gläubige sich in der Kirche von Wegscheid zum Gottesdienst einfinden, und keiner fürchtet sich mehr vor Gottes Strafe. Wer hätte sich vor fünfzig Jahren jemals gedacht, dass es hier nur mehr zu den heiligen Feiertagen eine mit Pfarrer besetzte Messe geben wird und die wenig besuchten sogenannten Wortgottesdienste an den Wochenenden von Einheimischen abgehalten werden?
Über die Teufelsbrücke gibt es auch eine absurde Geschichte. Jahr für Jahr holte sich der Teufel mit dem Versprechen, dass jener, der die Felsbrücke unbeschadet überqueren könne, ewigen Reichtum erhalten würde, die armen Seelen junger Männer. Wenn sie abstürzten, müssten sie dem Antichrist auf ewig dienen und sie stürzten fast alle ab. Eines Tages überquerte ein mutiger Knecht aber doch unbeschadet diese Felsbrücke – er hatte sich Steigeisen für die gefährliche Kletterei gebastelt. Vor lauter Wut schlug der Teufel ein riesiges Loch in die Felswand und dieses kann man noch heute von Wegscheid aus sehen. Wie kann man so eine scheußliche Geschichte über diesen wunderschönen Platz erfinden – was ging bloß in den Menschen damals vor? Aus meiner Kindheit erinnere ich mich auch noch an tiefgläubige, ältere Menschen, die diesbezüglich sehr ängstlich waren. Man spürte deutlich, dass sie die Strafe Gottes fürchteten und von der Kirche eingeschüchtert wurden.
Bei der letzten Sonnenfinsternis am 11. August 1999 war eine schon etwas ältere Frau, die als eifrige Kirchengeherin, aber auch als sehr streitsüchtig bekannt war, dabei, das Jagdhaus und noch dazu das in der Höll zu pflegen. Man sah ihr schon Stunden vorher an, dass sie vor diesem Naturereignis erheblich Angst hatte. Wahrscheinlich war sie sich nicht ganz sicher, ob sie nicht doch eine Strafe zu erwarten hatte. Als die Finsternis immer näher kam, schloss sie im hintersten Kammerl des uralten Jagdhauses die Fensterläden, um von der Finsternis möglichst wenig mitzubekommen, und kam erst wieder zum Vorschein, als dieses beeindruckende Schauspiel vorbei war. Dieses scheinbar furchterregende Erlebnis hat sie jedoch schnell überwunden und war danach wieder ganz die Alte.

Das Leben im „Heute"

Vieles wurde in den letzten Jahrzehnten anders, die gesamte Lebensweise hat sich grundlegend geändert. Alles läuft viel schneller, alle scheinen unter Stress zu stehen und es bleibt kaum mehr Zeit für das Wesentliche. Wenn jemand in den Ortschaften stirbt, bekommt man das oft gar nicht mehr mit und viele der Bewohner kennt man nicht mehr. Hundert Stundenkilometer auf dieser einst so ruhigen Bundesstraße scheinen heute Standardgeschwindigkeit zu sein. Für ältere Menschen, für die das Auto in dieser entlegenen Gegend lebensnotwendig ist, wird es immer schwieriger, mit diesem Tempo mitzuhalten, und sie werden zunehmend zur Gefahr auf den Bundesstraßen. Damit sich eine Familie in der heutigen Zeit diesen Wohlstand leisten kann, muss auch die Frau einen finanziellen Beitrag leisten. Die klassische Familie, in der die Frau zu Hause bei den Kindern bleibt und den Haushalt versorgt, ist nicht mehr zeitgemäß und gibt es daher kaum noch. Für die Bauern, wo dieses urtümliche Familienleben noch gegeben wäre, wird es auch immer schwieriger, Frauen für die Landwirtschaft zu begeistern. Irgendwie scheint das Miteinanderleben am Hof mit mehreren Generationen nicht mehr zu funktionieren und auch die ungebundene Freizeit steht wesentlich mehr im Vordergrund als früher. Jedoch wäre das Aufwachsen der Kinder in freier Natur, umgeben von Tieren, und vor allem das frühzeitige Erlernen der lebenswichtigen Arbeiten für ein späteres Leben unendlich von Vorteil. Obwohl die eigentliche Arbeit am Bauernhof besonders für die Frauen in der heutigen Zeit unvergleichlich leichter geworden ist als die in der Vergangenheit, scheint dieses klassische Familienbild nicht mehr so richtig in unsere moderne Zeit zu passen. Scheinbar sind immer weniger Frauen dazu bereit, sich für den zeitaufwendigen Beruf der Bäuerin zu entscheiden. Ich bin sehr dankbar, dass meine Kinder noch so altmodisch aufwachsen durften und eine Familie hatten, in der die Mutter bereit war, für sie rund um die Uhr da zu sein und keinem zusätzlichen Beruf nachging. Kinder prägt nichts mehr als in freier Natur aufzuwachsen und die ständige Anwesenheit der Mutter. All das spiegelt sich in der Gesellschaft wider. Für die Kinder von heute, für die in vielen Elternhäusern immer weniger Zeit bleibt, liegt die Zukunft in der Ganztagsschule sowie im Ganztagskindergarten. Der Leistungsdruck der Schule, aber auch der Freizeitstress steigt enorm. Früh werden Kinder schon mit Wissen belastet, das sie im späteren Leben nicht wirklich brauchen. Und wenn man Studien über Schülerleistungen Glauben schenken darf, scheitern sehr viele in den wichtigen Grundfächern wie Lesen und Schreiben. Wenn ich mich an die wie gestochene Handschrift meiner Eltern erinnere, die beide nur die Grundschule besuchten und im Vergleich zu heute wirklich unter entsetzlichen Bedingungen aufgewachsen sind, ist das nicht zu glauben. Viel Freizeit verbringen die Kinder heutzutage mit der nicht mehr wegzudenkenden modernen Technik, was sich aber auch nicht wirklich positiv auf das Sozialverhalten sowie auf die körperliche Entwicklung auswirkt. Das gesellschaftliche Zusammensein hat sich dadurch schon sehr verändert: Man hört kaum noch schönen, gekonnten Volksgesang in Gasthäusern oder auf den Almen. Dorfgasthäuser sind fast ausgestorben - einerseits durch das unerschöpfliche Fernseh- bzw. Internetangebot, aber auch durch das berechtigte und dringend notwendige Alkoholverbot im immer schneller werdenden Straßenverkehr.

Doch die heutige Zeit bringt nicht nur Negatives – es lässt sich immer noch sehr gut leben in Wegscheid und in der Umgebung am Fuße des Seebergs. Die Leute sind sogar in dieser Bergregion um vieles liberaler geworden, neue Zuwanderer lässt man kaum noch spüren, dass sie nicht einheimisch sind, was früher schon recht lange, oft Jahre gedauert hat, um wirklich im Ortsbild anerkannt zu werden. Oder wie jemand aussieht: ob kurze oder lange Haare, tätowiert oder gepierct, das kümmert eigentlich kaum noch jemanden. Sogar die Kleidung spielt heutzutage keine Rolle mehr: ob Anzug, Tracht oder Jeans, ist völlig egal. Jeden so zu akzeptieren, wie er ist, und nicht auf Äußerlichkeit zu achten, ist eine großartige, angenehme neuzeitliche Errungenschaft. Ich habe seit meiner Jugend darum gekämpft, so auszusehen, wie ich es will, mich selbst wohlzufühlen und nicht so, wie die anderen es gern gehabt hätten. Eigentlich sollte das auch selbstverständlich sein und deshalb konnte und wollte ich das früher einfach nicht verstehen. Vor fünfzig Jahren sah man bei uns noch sehr viele einheimische Frauen mit Kopftuch und in der Umgebung von Mariazell waren Nonnen mit ihren Kutten und Kopfbedeckungen ein gewohntes Bild. Jetzt wird wegen religiöser Zuwanderer über ein Kopftuchverbot in den Medien diskutiert. Ob Hut, Haube, Stirnband oder Kopftuch ist doch völlig egal, aber wenn alles bis auf die Augen verhüllt ist, sollte das aus Sicherheitsgründen ohne Wenn und Aber verboten werden.
In den Siebzigerjahren, als ich mich des Öfteren im Einfluss der überaus beliebten Volksdroge Alkohol mit anderen prügelte, sahen viele in mir den langhaarigen, jeansbekleideten Taugenichts. Raufereien waren ja damals noch ganz normal, aber dass ich mit dieser neuzeitlichen Bekleidung und langen Haaren diesen Volkssport ausübte, wurde von den meisten nicht akzeptiert. Oftmals reichte schon das Erscheinen aus, um in Schwierigkeiten zu gelangen. Zum Glück hatten der Alkohol und die damit auf mich verbundenen Auswirkungen nur kurzzeitig eine Rolle in meinem Leben gespielt. Etwa zwei Jahre habe ich gebraucht, um diese absolute Sinnlosigkeit eines Rausches zu erkennen, und das blieb auch mein ganzes Leben so.
Dass die Kirche hierzulande kaum mehr einen Einfluss auf das Leben in unserer Gesellschaft hat, ist auch ein angenehmer Vorteil der neuen Zeit. Das Nichtteilnehmen an der sonntäglichen Messe wurde damals nicht akzeptiert und bei den Schülern wirkte sich das auch auf die Religionsbenotung aus. Wie man zu leben hat, sollte jeder für sich selbst entscheiden dürfen und nicht von Glaubensmännern vorgegeben werden, deren Vergangenheit bekanntlich nicht sehr rühmlich und äußerst fragwürdig ist.
Der Einzug der modernen Technik bietet auch in unserer entlegenen Gegend enorme Möglichkeiten, doch sollte man sich wie auch sonst im Leben für die richtige Dosis entscheiden und nur so viel Zeit als auch wirklich nötig damit verbringen. Es ist schon sehr angenehm, bei tief winterlichen Verhältnissen Abende zu Hause vor einem übergroßen Flachbildschirm mit gestochen scharfer Bildqualität zu verbringen und Dokumentationen aus der ganzen Welt oder Spielfilme anzusehen. Obwohl ich die Zeit niemals missen möchte, wo wir die Abende bei flackernden Petroleumlampen und einem Buch verbrachten. Auch das Radio ist nicht mehr beschränkt auf nur inländische Sender und man kann in bester Qualität von Bluetooth-Mini-Hochleistungsboxen über Internet Musik aus allen Ländern der Welt empfangen. Jede unge-

klärte Frage wird heute gegoogelt und kann somit in kürzester Zeit beantwortet werden. Über Facebook wird weltweit kommuniziert, es werden Freundschaften geschlossen und aufrechterhalten, was früher nicht annähernd möglich war. Nur sollte jeder seine Grenzen wissen für diese tollen technischen Errungenschaften und nur das von seiner Person preisgeben, was keinen Schaden für ihn selbst verursacht. Das Handy ist ein nicht mehr wegzudenkender Begleiter und für die meisten Jugendlichen zum absoluten Lebensmittelpunkt geworden. Manchmal bekommt man den Eindruck, dass sich Jugendliche über Handy und SMS besser verständigen als im direkten Kontakt. Auch für mich war das in den hintersten Gräben eine unglaubliche Errungenschaft. Plötzlich war man auch auf den entlegensten Plätzen erreichbar und konnte viele Dinge erledigen, ohne lange Strecken zurückzulegen, um ein Festnetz zu erreichen. Aber ich habe mir immer das Recht vorbehalten, und das ist auch jetzt noch genauso, mich nie von einem Handy unter Stress setzen zu lassen. Wenn ich es in einer Situation als ungünstig oder unhöflich gegenüber einem persönlichen Gesprächspartner empfinde, Anrufe entgegenzunehmen, dann tue ich das auch nicht.

Die Technik hat auch einen wunderbaren Einzug in die Welt der Fotografie gehalten und hat unbegrenzte Möglichkeiten für meine Leidenschaft ergeben. Momente und Stimmungen der Natur festzuhalten und mit nach Hause zu nehmen, faszinierten mich schon seit Beginn meiner Berufsjägerlaufbahn. Möglichkeiten hatte ich durch diesen wunderschönen Beruf genug. Doch früher musste man sich jedes Bild genau überlegen, denn die Kosten waren relativ hoch und auch die Wartezeit bis zur Ausarbeitung der Bilder war lange. Im Lauf der Zeit hatte man unzählige Bilder zu Hause, die man nie mehr benötigte. Durch das heutige digitale Zeitalter ist das Fotografieren oder Filmen unvergleichlich einfacher geworden. Ich genieße es, Unmengen von Bildern zu schießen, nach Hause zu kommen und danach diese am PC hochzuladen, auszusortieren, wenn nötig nachzubearbeiten und das alles kostenlos in kurzer Zeit. Unzählige Natur- und Wildtierbilder sowie auch -filme von mir aus unserer wunderschönen Bergwelt befinden sich auf meiner Facebook Seite und können jederzeit von Freunden in der ganzen Welt kostenlos angesehen werden. Ist doch unglaublich – wer hätte in den Siebzigerjahren gedacht, dass so etwas überhaupt einmal möglich sein wird? Auch mein lang gehegter Wunsch, Bücher auf relativ einfache Weise zu schreiben und das auch mit der heutigen Technik zu verwirklichen, verdanke ich diesem Zeitalter. Oft habe ich den Gedanken, ob es mir überhaupt zusteht, über dies oder jenes zu schreiben, denn es gibt sicher genügend vor allem alte Leute, die eine wesentlich interessantere Geschichte zu erzählen hätten. Doch für mich ist es eine tolle Erfahrung, alles in Bild und Text wieder zu erleben und in einem Buch festzuhalten. Die Aufarbeitung meiner eher traurigen Geschichte „Das verlorene Paradies in der Höll" war wie eine emotionale Therapie für mich. Ob die Geschichte irgendjemanden interessiert, ist für mich im Moment des Schreibens nebensächlich. Dabei kommt mir des Öfteren beim Schreiben der Gedanke, dass mir mehr Zeit für Pflichtschule sowie zusätzliche Schulbildung während meiner Jugendzeit jetzt sehr zugute kommen würde. Doch die Schule war damals nicht wirklich meine Welt. Ich musste zwar nie eine Klasse wiederholen, aber es zog mich seit meiner Kindheit immer nur raus in die Natur und deren Tierwelt. Auch in meiner gesamten

Berufsjägerzeit hatte ich für die Schreiberei keine Zeit, doch hatte ich zum Glück alles vorsorglich mit Fotos dokumentiert. Heute bin ich froh, dass alles so verlief, wie es war, denn sonst hätte ich vermutlich alle meine verrückten Träume durch zu viel Lernen nie so verwirklicht und ausgelebt. Noch einen weiteren Lebenswunsch konnte ich mir durch die neuzeitliche Technik erfüllen: meine Musik, die gesamten Instrumente von mir eingespielt, in für mich erstaunlich guter Qualität aufzunehmen. Allerdings ist die Musikrichtung nicht so, wie man es von einem naturverbundenen pensionierten Gebirgsberufsjäger erwarten würde. Es brauchte schon einiges an Zeit und enormes Durchhaltevermögen, um diese nicht ganz einfachen Aufnahmeprogramme zu erlernen. Doch die fertigen, eigenen Musikstücke auf einen Stick zu laden und sie bei einer Autofahrt nur für mich abzuspielen, ist immer wieder ein besonderes Highlight. Diese technische Welt wurde für mich erst ab 2005 langsam von Bedeutung, denn wir lebten bis 1990 zur Gänze ohne Strom und danach bis 2010 mit Aggregat. So war das Fernsehen für meine Kinder, als sie klein waren, nur begrenzt möglich und spielte auch keine allzu große Rolle. Mit einem Computer kam ich erst ab 2008 in Berührung und ich hätte mir niemals gedacht, all diese tollen Dinge für mich so zu verwirklichen und auch noch zu erlernen. Eines habe ich in meinem Leben gelernt: niemals Träume aufzugeben und alles Erdenkliche unaufhörlich daranzusetzen, sie auch zu verwirklichen. Man muss etwas nur wirklich wollen und mit aller Kraft ausdauernd dahinterstehen, irgendwann führt das schlussendlich zum Ziel. Heute kann ich rückblickend sagen: Alle diese vielleicht etwas verrückten Träume in meinem Leben – ohne irgendjemandem etwas beweisen zu wollen – nur für mich restlos erfüllt zu haben. Nur ein inniger Wunsch, der mir sehr viel bedeuten würde, wird mir für immer unerfüllt bleiben: Diese Bücher meinen Eltern vorzulegen und ihre Meinung darüber zu erfahren.

Mein kleines Studio im ehemaligen Pferdestall

„Die Zukunft in der Steinschale"

Wie wird wohl die Zukunft in Wegscheid, der Steinschale oder der Staritze sein? Wahrscheinlich wird die Steinschale in etwa 50 Jahren völlig zugewachsen sein und das einstige pulsierende Leben, das ab Anfang der Sechzigerjahre zu verschwinden begann, wird nicht mehr auch nur ansatzweise zu erahnen sein. Vor einigen Hundert Jahren wurden diese großen Wiesen von Hand mühevoll gerodet und dienten viele Jahre als wichtige Überlebensgrundlage. Heute werden diese Futterflächen von niemandem mehr gebraucht, wachsen langsam wieder zu und viele sind schon nicht mehr erkennbar. Die Wildbestände werden sich, so wie es zur Zeit aussieht, kaum wieder erholen. Erstaunlicherweise wird in dieser scheinbar überaus sensiblen, tierlieben Zeit gerade die Jagd in der neureichen Gesellschaftsschicht immer begehrter. Leider hat sich bei vielen dieser Jäger die Einstellung zum Wild sowie die Gestaltung ihres Lebensraumes im Gegensatz zu früher grundlegend geändert. Früher wurde die Jagd über Generationen weitergetragen, vieles war angeboren und ohne Vorahnen im Bereich Jagd oder Forst war es schwierig, überhaupt daran teilzuhaben. Ein Jagdkartenneuling musste früher lange Zeit in einem Revier mithelfen, füttern oder Salz austragen, um endlich Wild erlegen zu dürfen. Für heutige Jagdneulinge ergibt sich schneller eine Möglichkeit, etwas zu schießen, als in einem Revier zu arbeiten. Durch diese freie Zugänglichkeit zu dieser Sparte schlich sich leider auch eine spürbare Bezugslosigkeit im Allgemeinen ein. Die Jagden werden immer kleiner, daher auch leichter zu finanzieren. Sobald eine Hütte wenn auch renovierungsbedürftig dabei ist, sind auch Reviere mit kaum noch vorhandenen Wildbeständen mit erstaunlich hohem Pachtzins an den Mann zu bringen. Ich für meine Person bin sehr dankbar, dieses ursprüngliche der herkömmlichen Jagdtradition im Mariazeller Staritzengebiet noch erlebt zu haben. Das Wild auf den derzeit kaum noch vorhandenen Bestand herunterzuschießen, um wie immer wieder behauptet wurde, den Wald zu retten, hat sich meiner Meinung nach auch nicht einmal ansatzweise bestätigt. Der Wald ist heute mehr geschädigt als je zuvor, aber nicht durch die Wildbestände. Unserem heimischen Wild auf der dafür bestens geeigneten Staritze mit fachgerechtem, erfahrenem Berufspersonal und Großpächtern einen Lebensraum zu erhalten, wäre die Aufgabe der Österreichischen Bundesforste gewesen. Wie werden wohl diese Wälder in 50 Jahren aussehen? Es ist kaum anzunehmen, dass der Mensch freiwillig dazu bereit sein wird, auf Dinge zu verzichten, die der Umwelt zugute kommen, um wirklich Schlimmes zu verhindern. Ich glaube, es ist kaum noch möglich, irgendetwas aufzuhalten oder rückgängig zu machen – es scheint sich eine Zeit anzubahnen, die in mir berechtigte Angst auslöst, aber auch eine tiefe Zufriedenheit und Dankbarkeit für diese tolle Vergangenheit. Was ist es doch für ein besonderes Glück, hier geboren zu sein, in dieser idyllischen Welt der Steinschale, mit großartigen Eltern aufzuwachsen, nie wirklich Hunger oder Gewalt verspürt zu haben und in sechzig Lebensjahren nie in einen Krieg verwickelt gewesen zu sein.

Die Steinschale im Winterschlaf, 2014

Mariazeller - Staritze
Höll

Ring Kamp

Gemeindealpe
Mariazell
Staritze
Ringkamp
Höll

Tonion
Wetterin
Steinschale
Graualm
Kastenriegel
Ring

Aflenzer Staritze
Ho
Ramm
Galgenmauer

e Weichsel
Zeller Staritze
Peterlstein
Steinschale
Kastenriegel
tal

1 Jagdhaus Steinschale

2 Teubenbacherhof und Eggerhaus

3 Scheiklhaus

4 Graschopfhaus
(Grabner und Bauer)

5 Sauprigelhaus

6 Rotwildfütterung

7 Galgenmauer

8 Vordere Halterhütte
(ursprünglich 11 Hütten)

9 Erzherzog-Johann-Jagdhaus

10 Kuhalm
(ursprünglich 13 Hütten)

11 Hintere Halterhütte

12 Jagdhaus Höll

13 Kastenriegel

14 Verbindungsstraße zur Höll
(seit 1918 nicht mehr befahrbar)

15 Gußwerk

16 Brunngrabenhäuser

17 Waldsiedelfütterung

18 Ansitzhütte am Mittereibel

19 Elternhaus

20 Brandhof

21 Totenkammerl

22 Pfaffenmäuer

23 Gschödring (Opiumhöhle)

24 Kiahtor

Jagdschloss Gallnerhof
Salza
Wasserbauerkogel
1233
15
Bergfeld
Nutz
Waldsiedel
Kuhkogel
978
Ebnerkogel
959
Königskogel
1304
Waldkogel
1133
Waldsiedelgraben
Pfannbaueralm
Lindkogel
Kleiner Proles
17
1422
807
16
Waldsiedelloch
822
Proleshütte (Jhtt.)
Neumüllergraben
Hochkogel
1158
Pretal
Betbühel
1503
1
2
Steinschale
935
Schneekogel
1486
8
Hallerhütte
Vordere Staritzen
Vormittaghalt
Geiperboden
Tregetal
Pfeifferalm
Gsenger
1360
Spielmauer
818
9
1444
Staritzen
1434
3
7
Wegscheid
6
Zur Post
Türntal
21
24
4
830
Ramertal
Saugraben
Holzkogel
1302
Peterlstein
5
Schwalbenkogel
863
1487
Türnach
Hackboden
25
Türnachmauer
Adambauernsattel
Sampisattel
Gamssulz
958
Rudolfmauer
Ramertal
26
1213
Schütterkogel
13
864
Kastenriegel
1094
1503
Heilstein
1432
Hauserbauerkogel
19
Nest
14
Lerchgraben
955
Almriegel
Bachbauergraben
930
966
20

Worterklärungen

Ara	Österreichische Bundesforste
Konsum	Kaufhaus
Keusche	ärmliches Kleinhaus
Keuschler	Kleinhausbewirtschafter
Kiahtor	Kuhabsperrung
Grumet	zweiter Heuschnitt
Threefarmer	Langholzschlepper
Glockenkuh	ranghöchste Kuh, die immer die Glocke trägt
Standlaut	der Jagdhund stellt bellend angeschossenes Wild
Hochbeschlagen	hochträchtiges Wild
Bäume ringeln	zum Absterben bringen
Haupt im grünen Zustand	Trophäe unausgekocht
Knicker	Jagdmesser
Abstreichen	ein Vogel fliegt weg
Rauchkuchl	offener Kochkamin
Kotzen	alte schwere Bettdecken
Marschansker	alte Apfelsorte
Schweizer	milchwirtschaftender Senner
Servitutsrecht	uralte Rechte
Schwenden	Almweiden vom Baumzuwachs befreien
Mahden schütten	frisch gemähtes Heu anstreuen
Dickung	dichter Jungwald
Brunnrohrbohrer	aus Lärchenstämmen wurden Wasserrohre gebohrt
Strohmann	vorgeschobene Person, die im eigenen Namen für jemand anderen auftritt
Scheppsen	Baumstamm von der Rinde befreien

Besonderen Dank an Sabine Zehetner für die Korrektur.